美配色设计丛书

服装搭配与色彩设计

设计师与时尚人士的服装设计手册

唯美世界 编著

中国水利水电出版社
www.waterpub.com.cn

· 北京 ·

内 容 简 介

《服装搭配与色彩设计》是一本关于服装搭配知识与色彩设计技巧的专业书籍。全书共 8 章，前两章为基础章节，介绍了审美观的建立、流行色、色彩知识与服装色彩搭配原理等基础知识；第 3~7 章为进阶章节，分别介绍了 9 种不同场合的服装搭配、12 类服装风格、3 大基本服装类型、10 类服装配饰、与服装搭配的妆容；最后一章则是针对不同个体的身材差异来定制自己专属的服装搭配方案。每章均通过大量优秀作品展示和文字解读服装搭配技巧与色彩知识，图片融合了流行元素和时尚美，帮助读者潜移默化间习得服装搭配与设计知识，提升自身的审美与设计能力，是设计朋友和时尚追随者的常备书籍，也是广大爱美人士的修身手册。

《服装搭配与色彩设计》赠送资源有《色彩名称速查》《8 个色彩搭配工具使用指南》《配色宝典》《构图宝典》《解读色彩情感密码》《43 个高手设计师常用网站》等电子书。

图书在版编目（CIP）数据

服装搭配与色彩设计 / 唯美世界编著 . —北京：中国水利
水电出版社 , 2021.6
（唯美配色设计丛书）
ISBN 978-7-5170-7351-2

Ⅰ . ①服… Ⅱ . ①唯… Ⅲ . ①服装设计—配色
Ⅳ . ① TS941.11

中国版本图书馆 CIP 数据核字（2019）第 009749 号

丛 书 名	唯美配色设计丛书
书 名	服装搭配与色彩设计 FUZHUANG DAPEI YU SECAI SHEJI
作 者	唯美世界 编著
出版发行	中国水利水电出版社 （北京市海淀区玉渊潭南路1号D座 100038） 网址：www.waterpub.com.cn E-mail：zhiboshangshu@163.com 电话：（010）62572966-2205/2266/2201（营销中心）
经 售	北京科水图书销售中心（零售） 电话：（010）88383994、63202643、68545874 全国各地新华书店和相关出版物销售网点
排 版	北京智博尚书文化传媒有限公司
印 刷	北京富博印刷有限公司
规 格	145mm×210mm 32开本 6.125印张 233千字
版 次	2021年6月第1版 2021年6月第1次印刷
印 数	0001—3000册
定 价	69.80元

 前言

　　"万紫千红、五光十色、五颜六色、花红柳绿、五彩缤纷、姹紫嫣红、青出于蓝、五彩斑斓"听起来是那么动人，这些都是形容色彩的词语，可见色彩的魅力是无穷的。色彩不仅可以搭配得好看，令人赏心悦目，而且可以传递出不同的色彩情感。本书将带领读者朋友畅游于色彩的世界中，了解服装搭配中色彩的基础知识、学习如何进行色彩搭配、如何搭配出适合自己的服饰。

　　本书围绕服装搭配进行讲解，共 8 章。第 1 ~ 2 章是基础章节，讲解了"建立良好的审美""不懂色彩，何谈搭配"，通过对前两章学习，我们可以掌握审美的概念、流行色、必知必会的色彩基本知识等。第 3 ~ 7 章是进阶章节，首先讲解了"不同场合巧妙搭配""服装风格"，介绍了 9 种不同场景下的 27 款服装搭配方案，12 种流行的服装风格和 36 款设计方案，帮助读者对服装搭配与服装风格进行整体的学习和掌握；然后讲解了"三大基本服装类型""巧用服装配饰""妆容"，通过细分服装类型、服装配饰和妆容的巧妙搭配，达到服装搭配的完美效果。第 8 章讲解了"定制自己专属的服装搭配"，针对不同的体型、不同肤色、不同脸型、不同喜好设计自己的私人订制服饰。

显著特色

　　1. 学习更轻松

　　本书以轻松和舒适的写作方式，让读者更容易对服装设计有兴趣、轻松学透专业术语。

　　2. 海量推荐搭配方案

　　除了基本的理论讲解、案例鉴赏外，本书大量的服装搭配方案会令读者朋友对服装设计有更直观的认识。

3. 跟着大师学经典

章节中安排多处著名品牌的代表服装，以及服装设计师、品牌创始人的著名语录，使大家在优秀作品的熏陶中进行更专业、更深度的学习。

4. 帮你解决实用问题

本书带领你进入色彩世界的同时，针对服装穿着时出现的常见问题进行了总结，通过学习，我们将熟知如何展示自己身材的优势、如何隐藏问题身材、如何搭配出独特气质风格等。

5. 超值赠送

本书赠送《色彩名称速查》《8 个色彩搭配工具使用指南》《配色宝典》《构图宝典》《解读色彩情感密码》《43 个高手设计师常用网站》等电子书。

扫码并关注下方的微信公众号，输入 DP3512 并发送到公众号后台，可获取以上资源的下载链接，将该链接复制到电脑浏览器的地址栏中，按提示下载即可。

关于作者

本书由唯美世界组织编写，瞿颖健承担主要编写工作，参与本书编写和资料整理的还有瞿学统、韩坤潮、瞿秀英、韩财孝、韩成孝、朱菊芳、尹玉香、尹文斌、邓志云、曹元美、孙翠莲、李志瑞、李晓程、朱于凤、石志庆、张玉美、仲米华、张连春、张玉秀、何玉莲、尹菊兰、尹高玉、瞿君业、马世英、马会兰、李兴凤、李淑丽等，在此表示感谢！

最后，祝君在学习路上一帆风顺。

编　者

目
录

目录

目
录

目
录

目录

目
录

第 1 章

建立良好的
审美

如何建立良好的审美

　　效果好的服装搭配，正确的审美是基础。审美可以通过学习、练习提高；可以多了解一些时尚方面的信息，增加对审美的理解；或是根据自己的喜好来订阅一些时尚杂志，增加对美的认识；也可以去时尚之都旅游，丰富个人的阅历；还可以多结交穿着时尚的朋友（如果你身边有朋友很会穿衣服，每次出来都是光鲜亮丽受人称赞的话，不妨向他讨教一下穿衣的技巧）。以上所说的基本要求就是要有足够的自信，对自己喜欢的、美的东西要有自信。

日积月累的审美

　　一个人从不认识美到慢慢地认识、了解美，甚至创造美，是一个长期累积的过程。就像我们学服装搭配一样，一开始我们要学会看，之后才是搭配。

1.1　美？美学？审美？

服装中的美可概括为以下几个方面：

　　个性美：服装与着装人的性格、爱好、兴趣之间产生的美。

　　流行美：服装与着装人迎合社会风尚产生的美。

　　外在美：表露在外的美。

什么是审美？

　　审美由文化因素和视觉因素综合产生。

　　视觉因素是由审美心理学、物种基因决定的。有共性、趋向性，是很多美术理论和技巧的基础，比如形态、构成等。

　　文化因素则是三观、历史、生活方式、个人经历等综合的结果。

　　文化因素和视觉因素两者共同构成审美，视觉的存在是美得以生存发展的重要基础。

什么是美、美学？

　　美，是对能够引起人们愉悦的客观事物的一种共同的情感。

　　具体到某件事、某个物或人时，在每个历史时期都可以根据绝大多数人的基本统一的认识，对其定义并予以准确表述。

　　人类对于美的概念、本质、感觉、状态等问题的认识、判断及应用的过程，就是美学。

1.2　关于审美趣味

　　审美趣味是指人们根据自己的审美观点，对自然界和社会生活的各种现象及艺术作品的审美价值所作出最直接的审美评价，主要通过个人主观爱好来表达审美倾向性。人们的审美趣味各有不同，这与每个人所处的社会状况和自身的审美素养、审美观点有关。

1.2.1　客观审美

　　"客观"指的是人们看事物的一种态度，不以特定的角度或事物本身的属性而转移。按照事物的本来面目去考察，不加个人偏见的意见，就是客观审美，它与主观正好相对。

　　没有客观的审美，就不会有主观审美的产生。例如，我们欣赏一处美景、聆听一曲音乐或欣赏一幅画，能够客观的产生美感，正是因为景、乐、画的具体存在。

　　例如，黄金分割点、对称、浓眉大眼高鼻梁等这些就是客观的美。

大众审美也是客观审美。
亚洲的大众审美是白、瘦。
西方人的审美是双眼皮、鹰钩鼻、尖下巴。
地域不同，审美观亦不同。

1.2.2　主观审美

"主观"，是人的一种意识，与"客观"相对，就是观察者为"主"，参与到被观察事物当中。此时被观察事物的性质和规律随观察者的意愿不同而不同。由于生活的环境、对事物的偏好、从事的工作不同，每个人的主观审美是不一样的。

简言之，就是人们第一眼看到的，一瞬间评价出来的答案，通常是根据自己的喜好或习惯而来，这就是主观审美。

怎样有效地提高自己的审美趣味

❶ 多阅读

阅读可以提高我们自身对美的鉴赏能力。从一篇散文或一首诗歌中都可以发现美的趣味和艺术魅力，可以从中感知和理解到美的境界。

❷ 培养高雅的审美趣味

多欣赏优秀的绘画和艺术品，从中可以体会到高雅的审美趣味。

❸ 参加艺术活动

艺术活动对培养个人的审美能力也是很重要的，可以提高自己的审美能力和鉴赏能力。

❹ 学会欣赏

每个人的审美各有不同，即使和自己的审美相差很多，也要学会去欣赏。

审美是可以练习的，不仅要关注服装时尚，还可以多关注一些其他的艺术形式，如绘画、音乐、舞蹈、影视、文学等，以提高自身修养、爱好、气质。

1.3 流行色

每年流行色协会都会参考各个领域情况，从中选出一些标志性的年度代表色，用来表达这一年正在发生的全球流行标志。比如，2018 年流行色协会在春季就为男性和女性时装推出了 12 种特定色彩，以及 4 个季节经典色彩，2018 年色彩流行的关键点是"渴望多姿多彩的自我表现"。

鲜活的色彩，就似桃红柳绿的春天一样烂漫多姿。在纽约时装周与伦敦时装周均能看到如万花筒般丰富的颜色和色调。

下面对右图中的颜色进行详细的讲解。

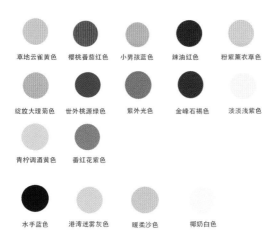

草地云雀黄色

草地云雀黄明度较高，饱和度适中，属于色彩中偏成熟的一类色彩，非常醒目和亮眼。

它虽然亮丽，但是没有那么极致的明亮，所以在表达上略微透露出一丝温柔，在情绪的表达上也没有那么强烈。

因为明度高的原因，所以无论用在哪里都会成为众人的焦点。

樱桃番茄红色

　　樱桃番茄红是一种偏橘的红色，时刻散发着热情与能量。

　　这种颜色的衣服穿在身上非常有女人味，同时会显得个性十分张扬，走在马路上格外吸睛。

　　这种代表着活力与激情的色彩，绝对让人无法忽视，会成为人群中的亮点。

小男孩蓝色

　　这种蓝色给人一种非常亲切的感觉，浅色调的蓝色让人感觉格外舒服，而且蓝得十分纯粹。

　　这种甜美温柔的颜色和非常好的搭配，不仅可以起到显瘦的效果，还能提升个人的气质与魅力。

辣油红色

　　辣油红是以大地褐为底的红色，这种颜色有着性感与成熟女性的魅力，而且不会显得老气。

　　这种沉稳的红色是百搭颜色中的一种，富有故事色彩，易引人遐想。

粉紫薰衣草色

粉色和紫色本身就是生活中非常难驾驭的颜色，但将粉色与紫色混合，就形成了惊艳众人的流行色——粉紫薰衣草。

粉紫薰衣草是柔和浪漫的粉紫罗兰色，有抚慰人心的魅力。

该色彩给人的感觉非常清纯，而且还能提亮肤色，特别容易驾驭。

绽放大理菊色

绽放大理菊色比肉粉色更具质感，是柔和舒适温暖的色彩。

该色彩令人心安、能平和心境，具有低调的魅力。

这种色彩可以在成熟的优雅和少女的甜美之间随意切换。

世外桃源绿色

世外桃源绿是比较冷静、干净的颜色，淡淡的蓝色底调，使得整体色调清冽而不张扬。

它是唤醒春天的第一抹色彩，充满了自然的生机，带有更始和重生的意义。

紫外光色

紫外光色是一种显眼、极具挑逗性但又不失优雅复古的色彩，它独特又富于远见。

紫外光色偏极光色调，在显眼、复杂的同时，多了份神秘感，通常传达独创与精巧的视觉效果。

金峰石褐色

金峰石褐色明度较低，是比较深沉的色彩，也称之为浓巧克力褐色，是自带优雅气质的颜色。

该色彩更适合青中年女性，能够给人沉稳、时尚的外在印象。

淡淡浅紫色

淡淡浅紫色是介于粉色和白色之间的颜色，是一种触动少女心的颜色。

该色彩会无时无刻地透露着温柔轻盈的气质，同样也有一丝怀旧感。

青柠调酒黄色

青柠调酒黄是具有强烈锐利且刺眼的酸橙色调，给人一种鲜活、健康的感觉。

视觉上这抹绿是极具高雅气息的色彩。

青柠调酒黄的衣物无论在何时何地都是清新风格的利器，让人眼前一亮，成为众人的焦点。

番红花紫色

番红花紫色纯度较高，是艳丽撩人的紫红色调，给人以优雅、迷人的视觉感。

番红花紫是富有表现力的色彩，这种华丽而诱人的色调散发着醉人的魅力。

水手蓝色

水手蓝色是闪耀、沉静、高贵引人瞩目的颜色。

深邃又神秘的水手蓝让人感觉沉谧而又宁静。

无论是水手蓝色的气质连衣裙还是廓形风衣都能凸显其独特魅力。

港湾迷雾灰色

港湾迷雾灰是不偏暖也不偏冷的灰色调颜色，一种中间色调的鸽灰色，是一种尽显高级质感的色彩。

港湾迷雾灰十分适合都市白领的服装色调，能够轻松打造时髦风尚 OL 风。

运用到休闲风衣和格子阔腿裤中也是十分协调的。

暖柔沙色

暖柔沙色是一种抚慰人心的中性色调颜色，最适合崇尚自然和低调的女生穿搭。

该色彩散发着迷人的优雅气质，是秋冬季的热选色彩之一。

该色彩不仅传递着时尚气质，百搭的设计款式也能让你轻松游走于各种场合。

椰奶白色

椰奶白色在 2018 春夏季节里是经典骨架白色或米白色的代表性颜色。

椰奶白色是介于白色和米白之间的颜色。

这种干净感不仅让穿着者身心愉悦，还能成为别人眼中的亮点。

第 2 章

不懂色彩，
何谈搭配

服装搭配与色彩之间是相互依存的关系，而且服装色彩是整体服装造型中重要的组成部分。服装色彩可以改变服装整体风格，充分掌握色彩明暗对比及合理调合，可以使服装色彩与服装整体造型设计和谐、充分地融为一体。

服装色彩搭配秉承着和谐与对比的差异原则。太过一致的色彩搭配虽然统一稳重，却又容易单调乏味；而色彩过于缤纷容易给人一种活泼开朗的印象；却又易产生杂乱无章的感觉。

服装色彩明暗对比之间，色彩差异大的就抢眼，营造出的感觉就强烈；色彩差异小的就和谐，给人以循序渐进的过渡感。

高低色彩饱和度搭配，会产生意想不到的巧妙效果，为服装整体造型增添丰富的层次质感。

服装色彩也与材质面料和版式设计有着密不可分的联系，根据不同受众人群的职业特点以及性格特征，在不同季节的变换下设计适宜的服装搭配方案。

2.1　认识色彩

　　色彩理论有"四季色彩理论"和"十二季色彩理论"。"四季色彩理论"是由色彩第一夫人卡洛尔·杰克逊女士提出的，并迅速风靡欧美，不过"四季色彩理论"比较适用于白种人。之后的四季理论根据色彩的冷暖、明度、纯度等属性扩展为"十二季色彩理论"。

　　在人们不断优化的生活中，色彩始终如一地散发着神奇的魅力。人们不仅观察和欣赏这个美妙的色彩世界，还通过不断学习和总结深化对色彩的认识和运用。

　　而人们对色彩的认识过程是通过判断并将大自然中直接感受到的色彩印象，赋予其规律性的展示，从而形成色彩的理论和规则，并将其应用于色彩实践当中。

　　在服装搭配时，应最先了解的是如何有效地运用色彩。例如，什么是色彩，不同色彩代表什么样的性格，不同的色彩对比会产生什么效果，色彩如何搭配才好看等。

2.1.1 色相、明度、纯度

色相是指颜色的基本相貌，它是色彩的首要特性。

基本色相是红、橙、黄、绿、蓝、紫。

加入中间色成为 24 个色相。

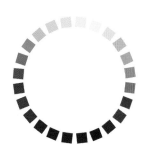

明度是指色彩的明亮程度，明度不仅表现在物体明暗程度上，还表现在反射程度的系数（例如蓝色）上。

蓝色里不断加入黑色，明度就会越来越低，而低明度的暗色调，会给人一种沉着、厚重、忠实的感觉。

蓝色里不断加入白色，明度就会越来越高，而高明度的亮色调，会给人一种清新、明快、华美的感觉。

在加色的过程中，中间的颜色明度是比较适中的，而这种中明度色调会给人一种安逸、柔和、高雅感觉。

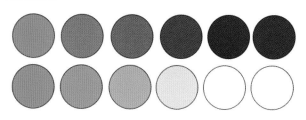

纯度高　　　纯度中　　　纯度低

纯度是指色彩的鲜艳程度，表示颜色中所含有色成分的比例，比例越大则色彩越纯，比例越低则色彩的纯度就越低。

通常高纯度的颜色会产生强烈、鲜明、生动的感觉。

中纯度的颜色会产生适当、温和、平静感觉。

低纯度的颜色就会产生一种细腻、雅致、朦胧的感觉。

2.1.2 主色、辅助色、点缀色
2.1.2.1 主色

　　主色通常较为大面积覆盖于服装主体。主色通常决定服装整体色调基础及最终效果。服装中的辅助色与点缀色的搭配运用, 均围绕主体色调进行搭配融合, 只有辅助色与点缀色相互融合衬托的条件下, 服装整体设计构建才能体现得完整全面。

　　　　　　服装整体搭配以米白色作为主色调, 蓝色黑色作为辅助色调。一抹大红色作为点缀色搭配, 服装整体给人干练却不死板的印象。

RGB=221,215,208 CMYK=16,15,17,0
RGB=0,93,145 CMYK=92,65,28,0
RGB=15,15,15 CMYK=83,83,83,73
RGB=227,0,16 CMYK=12,99,100,0

2.1.2.2 辅助色

　　辅助色用于衬托主色与提升点缀色, 辅助色通常不会占据服装整体设计较多版面, 面积少于主色色调并浅于主色, 这样进行组合搭配合理均衡, 互不抢夺。

　　　　　　服装整体搭配以宝石蓝色为主, 浅粉色与灰色作为辅助色进行搭配, 米白色作为点缀色进行组合搭配, 服装整体设计给人清爽干练的视觉印象。

RGB=1,42,129 CMYK=100,94,35,0
RGB=79,78,83 CMYK=74,68,61,19
RGB=219,193,174 CMYK=17,27,30,0
RGB=251,252,247 CMYK=2,1,4,0

2.1.2.3 点缀色

点缀色主要起到衬托主色调及承接辅助色的作用，通常在服装整体设计中占据很少一部分。点缀色在服装整体设计中具有至关重要的作用，能够为主色与服装色调搭配做到很好的诠释，能够使服装整体设计更加完善具体，丰富服装整体内涵细节。

大面积应用婴儿蓝色，给人以清爽洁净的感受，搭配粉色装饰突显穿着者甜美可人的气质，棕黄色的点缀为服装整体增添沉稳冷静的气质。

RGB=204,226,250 CMYK=24,7,0,0

RGB=202,159,166 CMYK=25,44,26,0

RGB=177,137,0 CMYK=39,49,100,0

2.2 色彩对比

将两种或两种以上的颜色放在一起，由于相互之间的影响，产生的差别现象称为色彩的对比。而色彩的对比分为色相对比、明度对比、纯度对比、面积对比和冷暖对比。

面对不同的颜色，人们就会产生冷暖、强弱、远近、明暗等不同的心理反应。

当一种颜色单独存在或与其他颜色并存时，就会有不同的视觉效果。

在服装搭配中任何色彩都不是完全孤立的，因为每一种颜色都会与其他颜色相互依存。

相对于一种指定的颜色，其他颜色就是这种颜色的环境色。

两种以上的色彩并存时，会产生对比效果。这样各个色彩之间的色相、明度、纯度等产生的生理及心理的差别就构成了色彩之间的对比。

色彩之间的差异越大，对比效果就越明显；色彩之间差异小越小，对比效果就越微弱。

2.2.1 色相对比

色相对比是两种或两种以上色相之间的差别。而色相主要体现事物的固有色和冷暖感。

纯色搭配最能体现色相对比感，而色相对比中有同类色对比、邻近色对比、类似色对比、对比色对比、互补色对比。需要注意两种颜色的色相对比没有严格的界限，例如，通常指色相环内相隔 15°左右的两种颜色为同类色对比，但是若两种颜色相差 20°，就很难界定。

2.2.1.1 同类色对比

同类色对比是指在 24 色色相环中相隔 15° 左右的两种颜色差异。同类色对比较弱，给人的感觉是单纯、柔和的，无论总的色相倾向是否鲜明，整体的色彩基调容易统一协调。

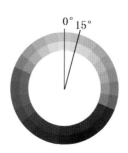

黄色的雪纺连衣裙搭配一双金色高跟鞋，给人以清丽知性的感觉。

两种颜色之间相邻 15°，属于同类色。二者颜色搭配和谐，更显活力。

透明手包的搭配，丰富细节，点缀亮眼。

2.2.1.2 邻近色对比

邻近色是在色相环内相隔 30° ~ 60° 左右的两种颜色。且两种颜色组合搭配在一起，会让整体画面起到协调统一的效果。例如红、橙、黄以及蓝、绿、紫都分别属于邻近色的范围内。

深洋红色连身裤搭配橘色外套在冬天显得特别温暖。

两种颜色是相邻 30° 的颜色，属于邻近色，都是女性化的颜色。

加以黄色高跟鞋点睛，在打破同种颜色给人静的感觉的同时，又给人一种柔美的外在形象。

2.2.1.3　类似色对比

　　在色环中相隔 60°～ 90° 左右的颜色差异为类似色对比。例如，红和橙、黄和绿等均为类似色。类似色由于色相对比不强，给人一种舒适、温馨、和谐，不单调的感觉。

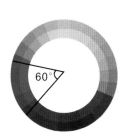

　　娇翠的苹果绿色高领毛衣搭配米色外套和牛仔蓝色裤子，为秋冬的街头增添一抹亮色。

　　绿色和蓝色二者搭配和谐感极强，但由于这两种颜色明度较低，搭配一件米色的外套，起到中和画面的效果。

　　加上一双高饱和度的土耳其蓝色高跟鞋，有锦上添花的效果。

2.2.1.4　对比色对比

　　当两种或两种以上色相之间的色彩处于色相环相隔 120°～ 150° 的范围时，属于对比色关系。如橙与紫、黄与蓝等色组，对比色给人一种强烈、明快、醒目、具有冲击力的感觉，容易引起视觉疲劳和精神亢奋。

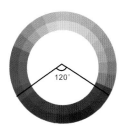

　　红色上衣搭配蓝色牛仔裤、黑色平底凉鞋和可斜背或手拎的宽松背包，整体服饰搭配简约轻松有朝气。

　　红色和蓝色为对比色，二者进行搭配使得整体色彩冲击感强烈。

2.2.1.5 互补色对比

在色环中相差 180°度左右为互补色。这样的色彩搭配可以产生最强烈的刺激感，对人的视觉具有最强的吸引力。如红与绿、黄与紫、蓝与橙。

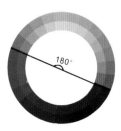

红色和绿色是互补色，将这两个颜色进行搭配时，会使彼此的对比更加强烈。

说到红绿搭配，人们第一感觉就是"土气"，其实注意红和绿颜色的面积比可以使服装设计更时尚，比如大面积绿色搭配小面积红色。

2.2.2 明度对比

明度对比是指色彩明暗程度的对比，也称之为色彩的黑白对比。按照明度顺序可将颜色分为低明度、中明度和高明度三个阶段。在色彩中，柠檬黄为高明度，蓝紫色为低明度。

在明度对比中，画面的主基调取决于黑、白、灰的量和互相对比产生的其他色调。

同色不同背景的明度对比效果：

在不同明度的背景下，同样的粉色在明度较低的背景中显得更加醒目。

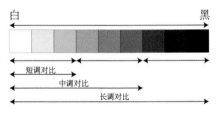

色彩间明度差别的大小,决定明度对比的强弱。

三度差以内的对比又称为短调对比，短调对比给人舒适、平缓的感觉。

三至六度差的对比称明度中对比，又称为中调对比，给人朴素、老实的感觉。

六度差以外的对比称明度强对比，又称为长调对比，给人鲜明、刺激的感觉。

模特的肤色与礼服颜色相比明度较高，所以在宝蓝色的衬托下，肤色显得越发白皙。

这就是日常我们经常提到的肤色较深的人穿着深色的衣服，肤色会比较美观一些的原因。

2.2.3　纯度对比

纯度对比是指因为颜色纯度差异产生的颜色对比效果。纯度对比既可以体现在单一色相的对比中，也可以体现在不同色相的对比中。通常将纯度划分为三个阶段，高纯度、中纯度和低纯度。而纯度的对比构成又可分为强对比、中对比、弱对比。

同色不同背景的纯度对比效果：

同样是三种色彩组合的搭配，但是当纯度不同时，所展现的视觉效果是不同的。从左至右，纯度由高变低。

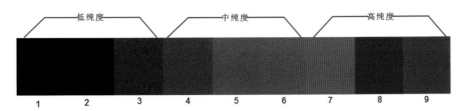

纯度变化的基调：

低纯度的色彩基调会给人一种（灰调）简朴、暗淡、消极、陈旧的视觉感受。

中纯度的色彩基调会给人一种（中调）稳定、文雅、中庸、朦胧的视觉感受。

高纯度的色彩基调会给人一种（鲜调）积极、强烈、亮眼、冲动的视觉感受。

模特穿着的橙色哈伦雪纺裤颜色纯度较高，给人清晰、明亮的视觉效果。

搭配低纯度的浅蓝色、白色和黑色三色拼接雪纺 V 领上衣，给人一种对比强烈、醒目的感觉。

2.2.4 面积对比

面积对比是指在同一画面中因颜色所占面积大小产生的色相、明度、纯度等对比效果。当色彩强弱不同的色彩并置在一起的时候，若想看到较为均衡的画面效果，可以通过调整色彩的面积大小来达到目的。

不同面积的相同颜色在同背景中的面积对比效果：

橙色在蓝色背景中所占面积不同，画面的冷暖对比也不同。

模特穿着的连衣裙中大面积的含蓄草黄色搭配少部分的黑色、蓝色及白色，给人清新、凉爽的视觉效果。

黑底圆点的靴子与连衣裙的上身部分相呼应，起到稳定画面的作用。

下半身采用浅色调，适合腰身较瘦的女生穿着。

2.2.5　冷暖对比

　　冷色和暖色是一种色彩感觉，当冷色和暖色并置在一起形成的差异效果即为冷暖对比。

　　画面中冷色和暖色的占据比例决定了整体画面的色彩倾向，也就是暖色调或冷色调。不同的色调能表达出不同的意境和情绪。

　　不同纯度的冷色在相同暖色背景中的对比效果：

　　左一图为极具代表性的暖色搭配、中间图为极具代表性的冷色搭配、右一图为以冷色为主暖色为辅，整体偏冷的搭配

2.3　服装色彩搭配原则

　　人们在理解颜色的时候一般以色相做区分，如果画面颜色太多会给人一种凌乱、没有主体的感觉。虽然色彩斑斓的颜色更容易吸引人的注意力，但是真正能给人留下深刻印象的画面则是那些颜色搭配合理的搭配。

全身色彩要有明确的基调。主要色彩应占较大的面积，相同的色彩可在不同部位出现。

全身服装色彩要深浅搭配，且大面积的色彩一般不宜超过三种，如穿花连衣裙或花裙子时，背包与鞋的色彩，最好在裙子的颜色中选择，如果增加异色，会有凌乱的感觉。

服装上的点缀色应当鲜明、醒目、少而精，起到画龙点睛的作用，一般用于各种胸花、发夹、纱巾、徽章及附件上。

以下为较为和谐的服饰色彩搭配的几种方法。

邻近色搭配　　　　同类色搭配　　　　对比色搭配

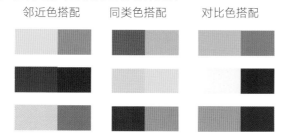

2.3.1　同类色或邻近色搭配很柔和

同类色或近似色搭配就是两个同色系或比较接近的两个颜色相配，如红色与橙红或紫红相配、黄色与草绿色或橙黄色相配等。

绿色的半身长裙，两种饱和度深浅度不同的绿色组合，格外清新怡人。

渲染的大花朵底纹给人感觉非常凉爽，绿色系也是今年春夏季十分流行的颜色。

柠檬黄色的简约 T 恤长袖轻薄舒适，与绿色相撞色，显得非常有青春气息。

椰奶色风衣搭配纯白色一步裙，整体颜色明度较低，造型纯净清冷、简洁干练，适合职业女性穿着。

职业女装活动的场所是办公室，低饱和度的服饰可使穿着者专心致志、平心静气地处理各种问题，营造沉静的气氛。

上身为铬绿色不规则剪裁礼服，下身为宝蓝色厚丝缎长裙。整体造型凸显沉着典雅气质。

铬绿色与宝蓝色明度都比较低，二者进行搭配给人一种深沉、厚重的感觉。

腰间系带颇具新意，拉长下身比例，显得高秀挺拔。

2.3.2　互补色或对比色搭配很强烈

对比色或互补色搭配是指两个相隔较远的颜色相配，如黄色与紫色，红色与青绿色，这种对比的配色比较强烈。而两个相对的颜色的配合，如红与绿、青与橙、黑与白等，这种互补色相配能形成鲜明的对比，有时会收到较好的效果，其中的黑白搭配是永远的经典。

大红色半身长裙热情似火，极具吸引力，搭配一件亚麻灰色针织衫，起到了很好的中和作用。

两种对比的色彩既达到了引人注目的效果，同时又不会显得太过。

深 V 领露出迷人的锁骨，小露性感。

蓝色系的卫衣和外套，搭配洋红色的裤子，这两种颜色是最佳的互补色之一。

洋红色的裤子在整套服装搭配中成为亮点，给人一种热情开朗的视觉效果。

蓝色系的卫衣和外套，给人一种安静且内向的感觉。

整套搭配更适合想要低调但却渴望改变的女生穿着，在沉闷中增添了一丝动感。

紫色和黄色在色环上为互补色，而紫色和红色又是对比色，三者之间有着强烈的对比。

红色系大衣与腰带，紫色系围巾与短裙加上黄色的雪纺上衣，三者之间相呼应，让整个搭配在撞色中统一而有变化。

而黑色丝袜和紫灰色鞋子的搭配，巧妙达到了稳住阵脚的良好效果。

整体色彩搭配都给人一种明艳、活泼、外向的感觉。

2.4 服装色彩心理

人们在选购服饰的过程中，色彩是最先被发现的。在一件服装从第一秒进入人的视线中开始计算，最初的 20 秒内基本停留在外观，其中色彩感觉占 85%，外形感觉占 15%。

可见色彩给人的印象是迅速、深刻的，而在服饰搭配中，色彩运用得好坏直接影响穿着的效果，以及你在别人眼中留下的印象。

其中不同的颜色给人的感觉是不同的，同样，不同颜色的衣服给人的感觉、感受或是想传达的信息也是不同的。

2.4.1　男性青睐的色彩选择

黑色作为单色中的一种，在男士着装色彩体系中是不可忽视的。

黑色已基本被确定为男士正式礼服色，因为它看上去沉着稳重，虽单调却有着很强的存在感。

黑色西装和白色衬衣的搭配，特点极为突出。这样颜色搭配是有安全感的搭配，使得穿着者给人一种沉稳和成熟的外在形象。

灰色一直是男士经典之色，是男士服饰中的热选颜色，具有高雅、低调的感觉。

灰色大衣搭配水洗牛仔裤，呈现一种低调的时尚气质。

同时搭配白衬衫以及黑色马甲，自然的流露出温文尔雅的绅士风度。

青蓝色对男士来说是永远的基本色，穿着率最高。具有鲜明、清爽的特征。

可以搭配白色、米黄色等单色系，能起到强调和点睛的作用。

青蓝色西装搭配白色的衬衫，会显得男士比较干净、利落、有内涵。

加上藏青色西裤，整体呈现和谐美感，将男士魅力展现得淋漓尽致。

2.4.2　女性青睐的色彩选择

红色是女性的代表色之一，象征着柔美、热情的女性形象。

左图这种款式简洁的红色连衣裙穿着去上班也不会很招摇，小 V 领设计，细节更加精致时尚。

摇曳的裙摆，极具风情，拿着精美的手包，尽显穿着者的时尚品位。

黄色同样也是女性服饰中热选的颜色，是一种淡雅、温柔的颜色。

中图的服装整体为月光黄色长裙后缀蝴蝶结尾翼，使穿着者散发出如月光般轻柔的光芒，端庄典雅。

将头发梳成高挽的发髻，整体造型高雅秀丽。白色在女性衣橱中占据很大的空间，而且出镜率最高，具有纯净、正式的特征。

右图服装整体采用白色为主色，柔软的体感蕾丝材质包裹全身，深 V 领与高开叉设计别出心裁。

整套婚纱塑造出一位美丽又极具性感的新娘。

2.4.3 与季节对应的色彩选择

服装的色彩要与自然界季节的变化同步。一般说来，红、橙、黄及其相近的色彩为暖色，给人以热的感觉；青、蓝色及其相近的色彩是冷色，给人以冷的感觉，绿、紫色是中间色。

不同的人可以通过各种服装色彩搭配来满足对于美的追求，不同季节的服装色彩需要合理的搭配。

春季，大地复苏、万象更新、欣欣向荣，大自然的色彩走向温和，明快艳丽的色彩更适宜人们此时的心境。

夏日，烈日骄阳，无处躲藏的炽热让人们渴望凉爽，服装色彩以宁静的冷色和能反射阳光的浅色为主。

秋季是成熟的季节，自然界色彩丰富多变，秋季服装的色彩趋于沉稳、饱满、中性、柔和。

冬季气候寒冷，自然界色彩趋于单调，冬装的色彩既可以与季节相搭配，也可以

用强烈的色彩组合或者撞色来为冬
天增添活力。

　　春季要穿明快的色彩。

　　例如，黄色中含有粉红色、
豆绿色或浅绿色等。

　　内搭为深蓝色碎花连衣裙，外搭
配为芥末黄色毛呢外套，休闲与田园风
格齐备。

　　这款芥末黄外衣为偏绿的黄，属
于暖色系。

　　芥末黄色衣物适合春季穿着，为
初春增添清新与靓丽。

　　夏季以素色为基调，给人以凉爽感。

　　例如，蓝色、浅灰色、白色、玉色、淡粉红等。

　　这套长袖连衣裙整体采用薄纱材质，另缀有菲边。薄纱轻盈剔透仿若无物，菲边轻舞飞扬，
仙气飘飘。

　　水晶蓝明度较高，给人以轻盈、纯粹的印象。适合夏季服饰的色彩搭配。

　　秋季适合穿中性色彩。

　　例如，金黄色、翠绿色、米色等。

　　上衣外套为金色皮质夹克，下身为格子样式棉麻哈伦裤，整体造型轻快活跃。

　　金色容易让人联想到收获、财富，同时打破秋季的沉寂，给人以健康活力的感觉。

　　米色棉麻质地背包与整体搭配和谐，更显活力。

　　整体服装搭配清新而富有活力，很适合丰收的秋季穿着。

　　冬季穿深沉的色彩。

　　例如，黑色、藏青色、古铜色、
深灰色等。

　　服装内搭为灰色厚纱材质连衣
裤，外装为炭灰色皮草大衣。整体造
型简洁霸气，透露着中性美。

　　黑色平底马丁靴符合服装整体设
计理念，更显高贵冷艳。

　　整体服装搭配颜色偏深，给人以
坚毅、朴实的印象。

　　适合冬季出行穿搭。

2.4.4　与体型对应的色彩选择

　　服装的色彩很大程度上是我们选择衣服的标准，但是什么时候该穿什么样的色彩的衣服是我们需要熟知的。下面就为大家简单地介绍一下服装色彩与体型的搭配方法。

体型肥胖者

　　宜穿墨绿、深蓝、深黑等深色系列的服装，因为冷色和明度低的色彩有收缩感。

　　颜色不宜过多，一般不要超过三种颜色。

　　线条宜简洁，最好是细长的竖条纹服装。

体型瘦小者

　　宜穿红色、黄色、橙色等暖色调的衣服，因为暖色和明度高的色彩有膨胀的感觉。

　　不宜穿深色或竖条图案的衣服，也不宜穿大红大绿等冷暖对比强烈的服装。

体型健美者

　　体型较好的人夏天最适合穿各种浅色的连衣裙，宜稍紧身，并缀以适量的饰物。

　　冬季适合穿着各种深色系的服装，宜宽松，可增添适量的饰品做装饰。

2.4.5　与肤色对应的色彩选择

　　人们的肤色存在着很大的差异，要掩饰人的肤色缺点，色彩就是第一重要的因素。服装颜色能增强人体肤色的色彩感度，还能对人体肤色起到美化的作用。

肤色偏黑者

　　通常不宜选择深暗色调，最好与明快、洁净的色彩相配。

　　颜色的纯度保持为中等，如浅黄色、浅蓝色、米色、象牙白色等颜色。

肤色偏白者

不宜选择冷色调，否则会越加突出脸色的苍白。

这种肤色的人最好使用淡橙红、柠檬黄、苹果绿、紫红、天蓝等色彩明亮、纯度偏高的色彩组合。

肤色偏黄者

避免采用强烈的黄色系，如褐色、橘红等。

最适合明快的酒红、淡紫、紫蓝等色彩，能令面容更白皙。

肤色偏红者

适合暖色调的色彩，浅淡明亮、干净的颜色。

比如浅黄、肉粉、淡绿、乳白、浅暖灰、驼色、米黄等。

要避免紫色、黑色及深重的颜色，这些颜色会让人失去其所有的轻盈、健康。

2.5　服装中的点、线、面、体

服装是用面料完成的艺术品，因为它存在于三维空间，所以构成视觉的点、线、面、体四大要素也存在于服装之中，而服装的造型主要是通过点、线、面、体的基本形式组合，利用分割、排列、积聚等方式形成形态各异的服装造型。

2.5.1　点

服装设计中的"点"是指相对的点状物，有大小、颜色、形状、质地的区分。在服装设计中"点"也是最活跃、最简洁的元素，所要表达的情感也是最为丰富的。例如，面料中的点状花纹、衣服上的纽扣及饰品等。在服装设计中点可以单独存在，如下图左所示；也可以多个点组合出现，如下图右所示。

2.5.2　线

服装设计中的"线"是有宽度、厚度、体积感的，是立体的线。线本身的个性特征会影响人对服装的视觉感受，服装设计中的线更是可以让人展开联想，渗透着个性与情感。直线给人刚强、庄重、稳定、平静之感，如下图左所示。曲线则给人以动感，它具有温柔、优雅、律动的感觉，如下图右所示。

2.5.3　面

点动成线，线动成面，也可以说点和线都是构成面的元素。在服装设计中，面也是有厚度、色彩和质感的，而且点和线可以通过与面的互动、呼应来打破平面的呆板，形成造型上的补充。在服装设计中，面以重复、扭曲、渐变等形式排列组合着，使服装具有虚实变化和空间层次感。例如，服装上的贴袋、袒领、披肩等同样具有面感。通过形状、色彩、材质等的变换来与服装整体设计相协调，如下图所示。

2.5.4　体

　　造型设计中的"体"有一定的深度和广度，在服装上是有色彩、有质感的。服装设计中的体造型不仅是指服装衣身的体感，还指有较大零部件凸出的体感或局部处理凹凸明显的体感，体造型在服装上易产生重量感、温暖感和突兀感。对于日常的服装设计而言，体感并不是很强烈，但是对一些设计感较强的服装，例如，舞台装、礼服、创意服装等，体的造型就很重要。通常体感较强的服装或较为繁复的设计对工艺要求的较高，这样的服装往往不能以平面裁剪方式进行裁剪，需要通过立体剪裁完成，如下图所示。

第 3 章

不同场合
巧妙搭配

穿衣装扮对个人形象非常重要。在人际交往中服饰可以传递出穿着者的身份、职业、收入水平、爱好及个人的文化素养、审美品位等。服饰的礼仪文化往往体现着一个人的素养与内涵。

而出入于不同的场合，穿着搭配就更为重要。合适的穿着可为你的形象气质加分；反之，就会损坏你的形象印象。本章就为大家整理一下不同场合的服装搭配，希望对大家有所帮助。

3.1 青春俏皮的大学时光

"学生装"简单地理解就是学生在学校里穿着的服饰，在如今的大学校园里，大学生群体穿衣风格有他们明显的特征。穿衣风格趋向于潮流前卫，服饰通常简约修身，风格混搭穿戴，颜色深浅分明，而且不类同的服饰以各种不同的性格并存着，表达着各种不同的服饰语言。

特点

❶ 简约、舒适有活力，注重舒适得体。

❷ 颜色穿搭因个人喜好而定，因人而异。

❸ 运用当下流行的撞色元素，符合现代年轻人的服装搭配风格。

❹ 年轻时尚，甚至采用一些独特的搭配来凸显自己的个性。

该方案适合学生在校园的着装，受众人群年龄倾向于十几至二十岁的年轻女性。白色短款 T 恤搭配天青色破洞牛仔裤，展现出大学生青春朝气的外在形象。

服装整体造型搭配属于休闲风格，宽松的版型设计使得穿着者更加放松。整套装扮首先映入眼帘的便是上衣胸前的红色字母，字母颜色的选择使简单的白色 T 恤更具时尚感，同时又与搭配同色系的双肩包相呼应，极具青春活力。

搭配的白色运动鞋同样带有红色样式，以及其他配饰的红色，整体服饰搭配简约轻松有朝气，也可看出穿着受众群倾向年轻化。

RGB=255,0,0　RGB=27,27,27　RGB=124,181,213

同类配饰元素

这是一套标准学生装，白色衬衫搭配黑色百褶裙及蓝黑色斜纹样式的领带，充分展现出学生的简洁率性气质。

白色衬衫与黑色短裙的搭配会拉伸整体身材比例，加上收腰设计，展现穿着者的长腿细腰的性感气质，同时又将学生青春洋溢的精神风貌展现得淋漓尽致。

紫黑色魔法书籍样式的斜挎包搭配黑色小皮鞋，以及手拿魔法棒，不禁让人想到电影《哈利·波特》中的人物，有身临其境之感。

RGB=255,255,255　RGB=25,23,26　RGB=53,53,81

同类配饰元素

RGB=244,197,207　RGB=164,186,211　RGB=249,241,192

同类配饰元素

该方案适合于学生的校园着装搭配。选用清雅的嫩粉色毛衣与青灰色毛呢短裙进行搭配，整体服装造型给人以邻家女孩清纯甜美的视觉感受。

服装整体造型更倾向于淑女风格，高领毛衣既有御寒又有遮挡颈部缺陷的效果，而且竖纹短裙有显瘦效果，让穿着者尽显双腿的纤细美感，超级适合微胖女生穿着。给人一种清新可人的视觉享受。

服装材质选用针织面料和毛呢，尤为适宜早秋时节穿着，这种穿着打扮既不会显得过于不合时节同时又能给穿着者增加时尚、可爱的气质。嫩粉色和淡蓝色饰品更为干燥乏味的秋天画上了鲜活亮丽的一笔。

3.2　逛街就要轻松休闲

"休闲装"简单地理解就是日常休闲着装的意思，追求轻松、减少压力，相对于职业着装，休闲装强调随意、不拘一格的气度，是自然和个性的表露。休闲装不受社会角色和环境拘束，更多体现穿着者的个性和情趣。休闲装可大致分为时尚休闲、运动休闲和民俗休闲等。

特点

❶ 结构相对简单，追求质朴、随意的感觉。

❷ 休闲装在色彩上保持固定的色彩系列和品牌固有色，不受流行色的影响。

❸ 运用合适的配饰能够很好地提升整体效果，展现出轻松、自在的视觉印象。

这是一套适合于出行逛街的少女穿着服装搭配方案。青绿色的无袖短款连衣裙给人一种清新活力的视觉感，让人眼前一亮，为穿着者增加个人魅力。

服装整体造型更倾向于波西米亚风格，波纹的条纹设计加上绿色系的图案，凸显出鲜明的特色，少女感十足，展现出让人羡慕不已的青春活力，同时更能凸出穿着者的好身材。

搭配青绿色的流苏项链、青色系的包包和鞋子，整体服饰搭配更加和谐统一，很好地展现出穿着者年轻、有活力的外在形象。

▇▇ ■ RGB=70,157,117　RGB=11,34,26　RGB=145,209,182

同类配饰元素

这是一套适合于户外逛街娱乐时的服装搭配方案。选用灰色无袖搭配灰蓝色的牛仔裙营造出了一种轻松休闲的假日气息。独特的舒适性和款型的随意性会受到大众的喜爱与追捧。

服装整体造型更倾向于百搭风格，上衣的卡通图案十分显眼，如果没有这个图案，灰色搭配很常规，但加上卡通图案就增添了可爱气质和亮丽青春感。除此以外，上衣也可以搭配一些不同颜色的短袖甚至是各种风格的衬衫，因为牛仔裙本身就是一件百搭的衣服，不同的搭配可以展现出不同的风格和个性。

搭配亮面平底鞋和水果形斜挎包以及其他同色系的配饰，更加丰富了整体服装造型层次质感，适合日常生活穿着。

RGB=184,188,191　RGB=127,153,191　RGB=245,217,82

同类配饰元素

RGB=45,144,100　RGB=90,103,119　RGB=224,106,69

同类配饰元素

这是一套适合于年轻女性日常出行穿着的服装搭配方案。竖条纹深青绿色衬衫搭配水墨蓝色做旧款式的牛仔短裙充分展现出一种初春女神的气质。

服装整体造型更倾向于百搭风格，竖条纹图案将服装整体风格带动了起来，律动感十足且十分显瘦，而且牛仔裙上兔子图案生动个性，同时图案的刺绣工艺更为衣服增添了一丝高贵气质，整体搭配展现穿着者青春活跃感十足。

搭配白色凉鞋和米色包，穿搭出时尚搭配中不同风格魅力的时尚特色。

米色包包与深青绿色上衣相撞，在冷色调中增加了一抹亮色，引人注目。

3.3　好感度爆表的甜蜜约会

　　"约会装"简单地理解就是约会时穿搭的服饰。约会时给人的第一印象就是你的穿衣品位和风格特色，第一印象决定了后续的交往。所以，第一印象是至关重要的，而第一次约会应该穿什么衣服就更是重中之重，要慎重选择。

特点

　　❶ 干净、整洁、大方得体。
　　❷ 靓丽的色彩是约会装的经典颜色，而且在搭配上要因人而异，不能千篇一律。
　　❸ 服装搭配要根据时间与场合，考虑相应的款式和色彩才合适。
　　❹ 给人的感觉要端庄、文静，让人眼前一亮，尽可能地为自己加分。

　　这是一套适合于出门约会的少女的服装穿搭方案。火鹤红色的短款连衣裙上带有黑色的蝴蝶结，为安静的红色中增加了一分动感，充分展现穿着者柔和、甜美的气质。

　　服装整体造型更倾向于淑女风格，服装是由一层层的雪纺薄纱塑造出的一件短裙，随风飘起的裙摆为整个人营造出了一种翩翩的仙气，公主范十足，尽显高贵与优雅，在少女中透露出一种成熟女人的知性美。

　　黑色高跟鞋与黑色蝴蝶领结相呼应，加上其他火鹤红色系的配饰，通过简单的细节改动，更能展现温柔飘逸的外在形象。

■ RGB=236,206,198　RGB=23,18,14

同类配饰元素

这也是一套适合于出门约会的少女的服装穿搭方案。蕾丝镂空花朵设计的短袖连衣裙是约会装的绝佳着装。服饰整体选用蓝灰色、肉色、黑色三色组建整体搭配色彩，充分展现穿着者清新淡雅的气质。

整体造型充满了淑女气质的搭配，是最具人气与潮流感的约会装。服装整体采用蕾丝材质，上身处做了不同的蕾丝镂空设计，肉色的内衬设计在半透明蕾丝网纱收腰设计的衬托下凸显穿着者的曼妙身姿。

肉色系的凉鞋及淡蓝色的手提包和黑色发带等其他配饰与连衣裙色系相统一，整体搭配风格极为和谐。

■ ■ ■ RGB=166,187,216 RGB=205,172,144 RGB=0,0,0

同类配饰元素

■ ■ RGB=91,143,79 RGB=217,222,215

同类配饰元素

这是一套适合于身材姣好的女性约会穿着的服装搭配方案。该套装选用了明度较低的橄榄绿色，能够展现出穿着者高贵性感的气质。

套装运用了上短下长的收腰设计，以及大量的镂空设计凸显穿着者的长腿及性感效果，上衣短小能够更好地展现穿着者的纤细腹部与光洁肌肤；下身长裙同时搭配蕾丝镂空将性感长腿在若隐若现中展现得淋漓尽致。

镂空露腰套装搭配淡绿色的高跟鞋和同色系手包，俨然一副成熟女性扮相，极具性感与高贵气质。

3.4　夏日海岛度假必备

　　"度假装"简单地说就是出门度假时穿着的服装，通常颜色较为鲜艳，会展现出穿着者活力十足的一面。一望无际的蓝总能引起人们对大自然的渴望与遐想。所以每到夏季，海边总会成为旅行度假地 TOP1，而海边装扮也是女生们关注的话题，除了必备的比基尼，设计精巧的时尚配饰也必不可少，能让你在简单的穿搭中展现不一样的风情。

特点

❶ 良好的剪裁与材质，注重舒适大方。

❷ 服饰色彩因喜好而定，选择范围较广。

❸ 与度假装搭配的饰品选择简洁、流畅的款式，整体风格不受限。

❹ 可以选择一些颜色亮丽的服饰，成为最吸引眼球的那一个。

　　这是一套适合于年轻女性日常出行或海边度假等休闲场合穿着的服装搭配方案。本套服饰选用了火鹤红、爱丽丝蓝、浅粉色三色组建整体搭配的露肩短款的套装，充分展现穿着者俏皮清新的少女气质。

　　去海边度假，自带度假风情的露肩连体套装是好看又舒服的选择。一件短款舒适的套装，可以应对随时海边嬉水的需要，同时又能将姣好的身材展现出来，在简单与休闲中又不失性感。

　　搭配花朵项链和带有白色花朵的凉鞋展现出穿着者浪漫、清新又时尚，不仅有度假风情还能个性十足。

RGB=236,198,205　RGB=188,206,219　RGB=238,208,199

同类配饰元素

这是一套适合于夏季女性日常出行或海边度假等休闲场合穿着的服装搭配方案。整体选用无袖蜂蜜黄上衣搭配以水青色为主的短裤，充分展现穿着者时尚热情有活力的气质。

单色的蜂蜜黄无袖上衣搭配图案颜色繁杂的短裤，露出你的手臂和美腿，产生了静动对比，具有极强的视觉冲击力，让人眼前一亮，清凉感与度假风十足。

搭配万寿菊黄色的尖头鞋与上衣相呼应，再加上宽檐帽、太阳镜、西瓜包袋、草编手链这些配饰，也会让假感觉更加完整，更富质感。

▐▐▐▐ RGB=239,192,28 RGB=63,181,209 RGB=196,25,36

同类配饰元素

▐▐▐▐ RGB=31,35,61 RGB=58,160,200 RGB=223,44,25

同类配饰元素

这是一套适合于海边度假的女性的服装搭配方案。这款长裙色彩相对暗一些，但却有种别致的美，V领高腰设计简单利落十分性感，适合身材娇俏的女生穿着。

服装整体造型更倾向于波西米亚风格，长裙采用雪纺材质和大裙摆的设计体现了悠闲的波西米亚风格。这样的长裙看上去浪漫又精美，而且长裙通常都能让女性焕发出无限光彩，成为行走的衣架，这种颜色的搭配让人眼前一亮，更让穿着者成为一道亮丽的风景。

搭配绑带罗马鞋和宽沿帽不仅适合海边度假穿着，更具有迷人的时尚感。毛绒球、绑带元素都是能让波西米亚风更有魅力的小装饰，从而展现出甜美动人的外在形象，想不引人注目都难。

3.5　时尚优雅干练的职场白领

　　"职场装"简单地理解就是职业装的意思,指白领在办公室里和社交场合中的穿着,要注意面部妆容与服饰的完美搭配。对于白领一族来说,懂得职场穿衣搭配技巧是非常必要的,穿衣搭配上既可以做到端庄得体,又能让人感觉到你非常时尚、优雅、干练,特别是职场新人,如果对穿衣搭配非常了解,就能在职场生活中脱颖而出。

特点

　　❶ 简约、用料考究、大气优雅,注重舒适时尚。

　　❷ 靓丽的色彩搭配是职场装的经典颜色,在搭配上要因人而异,不能千篇一律。

　　❸ 运用合适的配饰能够很好的提升整体效果,给人干练、朝气蓬勃的印象。

　　❹ 通过搭配一些小的配饰,或选择更具设计感的服装款式改变古板的形象。

RGB=241,205,207　RGB=174,191,223

　　这是一套适合刚入职场的女性朋友们的服装搭配,整体选用矢车菊蓝色露肩七分袖搭配浅粉色包臀裙,整体造型既显时尚干练又凸显少女气息。

　　服装整体造型属于 OL 风格,贴身利落的包臀裙与露肩式 T 恤相搭配,表现出了女性的性感和柔美的一面,上衣蓬袖的样式能很好地将手臂上的肉遮住,尽显傲人身材。

　　同色系的饰品搭配,更能展现穿着者自信优雅的外在形象,同时给人以清凉舒爽的视觉感。

同类配饰元素

这是一套适合于白领女性日常工作着装的服装搭配方案。服装整体由藏青、铁青、深洋红三色组建整体搭配色彩，充分展现着者沉着、冷静的气质，尽显女性迷人的风范。

服装外套为藏青色正装款式中长呢绒西服，搭配厚雪纺质地收腰连衣裙。整体造型给人以成熟、稳重的职业形象。连衣裙上的玫红色花朵设计使得本来沉重的服装增添一丝生机，圆领和收腰的设计比较适合身段苗条的女性。

玫红色手表、口红和指甲油在整体服装搭配造型中的尤为亮眼，与连衣裙上的碎花样式相呼应，充分符合整体着装风格。

RGB=34,35,55　RGB=28,52,102　RGB=192,60,139

同类配饰元素

RGB=243,212,219　RGB=193,209,225

同类配饰元素

这是一套适合于年轻女性白领日常出行的服装搭配方案。本套服装是以淡粉色长款西装外套搭配爱丽丝蓝色连衣裙，不同色相、相同纯度的服饰搭配整体造型给人清爽明快的视觉效果。

连衣裙的亮点在于胸前交叉和收腰包臀的款式设计，整体凸显穿着者的性感气质，适合于肤色较为白皙的女性穿着。

服装的小配饰以清新淡雅的风格为主，整体服装搭配极具柔美和自立。同色系的包包让整个搭配更加和谐统一，凸显职业女性的精致与时尚。

3.6　这样穿更容易拿到 offer

"正装"是指适用于严肃场合的正式服装,而非娱乐和居家环境的装束。在西方国家,正装包括西装、燕尾礼服,在中国正装则以西装为主,有时也可以穿着中山装、夹克等衣服。正装不代表都是西服类服饰,也可以搭配时尚感的服饰。

特点

❶ 实用性、标识性、防护性、艺术性、时代性。

❷ 黑蓝灰三色是正装的经典颜色。除此之外,米色也是非常适合的颜色,一些亮色的搭配会让你收获意想不到的效果。

❸ 不同的职业有不同的着装要求,与正装配饰的其他元素要和谐统一。

这是一套适合于秋季白领女性在面试或出席正式场合的商务着装。以青蓝色分体西服套装作为整体风格,搭配白色衬衫和米色系手包及高跟鞋,以职业摩登的现代女性形象展现在大众面前,尽显时尚与知性美。

摒弃黑白组合,在乏味干燥的深秋季节,青蓝色和白色的搭配更加给人意味深长的视觉感受。贴身利落的裤体剪裁与垂感笔挺的西装外套,充分体现并提升穿着者的精神面貌。

浅色系的饰品搭配为深色系的服装减淡了一丝沉重感,同时烘托出穿着者睿智干练的外在形象。

RGB=78,126,175　RGB=238,234,228　RGB=205,188,144

同类配饰元素

这是一套风格颇具质感的成熟男性的服装搭配方案。普鲁士蓝色西服套装与博朗底酒红色领带形成了鲜明的色彩对比，使服装整体造型显示出更为丰富、立体的层次感。

服装整体造型更倾向于 OL 风格，用于正式场合的西服套装不适宜搭配太过花哨的图案面料，所以可以在领带上大做文章。下身搭配紫黑色条纹西裤，雅痞却不失个人特色的穿搭展现出利落、严谨的外在形象，简单、大气的塑造出最纯粹的西装风貌。

具有光泽感的皮鞋、手提包与服装形成鲜明的质感对比，金属感的配饰搭配为整体造型增添几分优雅随性的气质。

RGB=20,29,36　RGB=181,212,232　RGB=98,54,54　RGB=31,28,32

同类配饰元素

这是一套适合于正式场合的商务女性穿着的服装搭配方案。白色吊带搭配黑色包臀裙以及壳黄红色的长款西服外套组建整体服装搭配，充分展现穿着者典雅干练的气质。

服装整体造型更倾向于 OL 风格，服装内搭采用薄棉质的 V 领吊带，整体搭配清凉舒适，同时又不妨碍日常正式着装风格，给人以耳目一新的感觉。搭配贴身利落的裙体剪裁和垂感笔挺的西装外套，更加充分体现并提升穿着者的精神面貌。

简约设计的手包与黑色高跟鞋是 OL 风格最妥帖的搭配，同时凸显整体造型轻巧干练，尽显职场女性的魅力。

RGB=222,203,186　RGB=254,254,254　RGB=26,26,28

同类配饰元素

细条纹西装
范思哲 VERSACE

范思哲在这件西装上延续了范思哲品牌的奢华高雅路线，以创造一种大胆、雄性甚至有点放浪的廓形来塑造现代都市男子精致而不失硬朗的形象。

尺寸上略有宽松的设计，让人感觉舒适，从而更好地表达范思哲品牌的追求舒适休闲的生活态度。

使用精致的剪裁以及细密的竖条纹设计技巧让该西装具有独特品位。

范思哲 VERSACE 是由詹尼·范思哲（Gianni Versace）于 1978 年创立的服装品牌，其设计风格非常鲜明，独特的美感、极强的先锋艺术表征让他风靡全球。它撷取了古典贵族风格的豪华、奢丽，又能充分考虑穿着舒适及恰当的显示体型。

范思哲善于采用高贵豪华的面料，借助斜裁方式，在生硬的几何线条与柔和的身体曲线间巧妙过渡，范思哲的套装、裙子、大衣等都以线条为标志。"不要随波逐流，不要被时尚束缚，你自己决定成为什么样的人、穿什么样的衣服、选择什么生活方式。"

——詹尼·范思哲

3.7 宴会装要的就是气场

"宴会装"简单地理解就是宴会服装的意思，虽属于非经常性穿着的服饰，但在衣柜中也要有几件属于自己的宴会礼服。宴会装通常以长裙为主，面料追求飘逸、垂感好，颜色以黑色较为隆重。一般有V领凤尾、坠地长款、宫装、一字肩短款、露背鱼尾、高开叉等类型。宴会服饰风格各异，与宴会装搭配的服饰适宜选择典雅华贵、凸显女性特点、与自己身份风格相符合的衣物。宴会装也要根据宴会地点、风格、主题、时间和出席身份来进行着装。

特点

❶ 华丽、用料考究、奢华内敛、注重大气时尚。

❷ 服饰色彩因宴会种类而定，选择范围较广。

❸ 运用小物提升整体，耳环、项链、丝巾、腰带搭配得当都能成为点睛之笔。

这是一套适合女性出席宴会、仪式时穿着的礼仪服装搭配方案。本套长裙采用了V领和收腰的设计，以蓝黑色为主色搭配镶钻设计，充分展现穿着者优雅、性感的气质。

服装整体造型倾向于熟女风格，长裙上的亮钻与星星做点缀，反衬出穿着者白皙水嫩的皮肤，同时收腰的设计更是将女性的曲线美展现得淋漓尽致。而且长至膝部的礼服裙，更能体现稳重与大气的质感，别具韵味。

搭配镶着亮钻的高跟鞋和手包，一方面与礼服的黑色相呼应，体现穿着者服装搭配的技巧，另一方面让服装整体更加光彩夺目，画上深紫色的口红，为穿着者增添了一丝神秘感与高贵感，尽显女性成熟优雅的气质。

RGB=25,23,26　RGB=255,255,255　RGB=90,48,72

同类配饰元素

　　这是一套适合女性出席宴会时穿着的礼仪服装搭配方案。本套服装运用了收腰紧身抹胸的 A 型设计，以咖啡色为主色，充分展现出性感优雅的气质。

　　礼服的高腰线设计，提高了穿着者的腰线，从而勾勒出完美比例，让身材比例重新分割成 3∶7 的黄金比例，而抹胸的设计显露出了穿着者迷人的锁骨与纤细修长的手臂，凸显出性感高挑的身材。

　　搭配时尚的黑色高跟鞋和同色系的手包及其配饰，展现出大方自信的外在形象，同时深色系的口红，会提升个人的性感指数。

RGB=90,80,54　RGB=12,12,12　RGB=93,17,17

同类配饰元素

RGB=155,3,21　RGB=183,1,13　RGB=228,184,124

同类配饰元素

　　这是一套适合性感女性出席宴会时穿着的礼仪服装搭配方案。服饰整体采用红色作为长裙主色，这套宴会礼服的亮点在于低胸设计，同时边缘的花瓣元素的点缀制作出花团锦簇的视觉效果。

　　身着一袭中国风红色纱裙，吊带和 V 领的设计让穿着者展现出性感又不失优雅的气质。高腰设计巧妙地拉长了身体比例，气质直线上升，同时到膝盖上部的红色内衬，让穿着者的大长腿在外层薄纱中若隐若现，既显性感又不失高贵。穿者的身材最好苗条一些，这样更能穿出长裙轻盈优雅的美感。

　　搭配同色系的高跟鞋、手包及其他配饰，艳丽的色彩搭配展现出个人热情奔放的外在形象。

3.8 秒变 Party Queen

"派对装"简单地说就是参加派对时的着装。该服装以小裙装为基本款式的礼服，具有轻巧、舒适、自在的特点。裙装的长度为了适应不同时期的服装潮流和本土习俗而不断变化，即便如此，其本身的特点与内涵还是存在的。时至今日，派对装已经演变出各种各样的风格。派对装引领时尚潮流，让女生们拥有美丽的装扮，点缀高雅气质。也是品位与地位的象征，备受人们喜爱。

特点

❶ 高档材质、时尚、注重剪裁设计。

❷ 服饰色彩因派对种类而定，选择范围较广。

❸ 与小礼服搭配的配饰应选择简洁、流畅的款式，既要与裙装所表现的风格相呼应，又要与所处的环境相适应。

这是一套适合出席派对的年轻女性的服装搭配方案。礼服采用金色的亮片为主要材质，同时加上 V 领与高腰设计，充分展现穿着者迷人的魅力。

"闪耀"是该服装的第一视觉效果。服装整体版型干净利落，在视觉上拉长了腿部线条，让人显得更加挺拔高挑。同时前后 V 领的设计尽显穿着者迷人的锁骨与秀美的背部。小礼服点缀着细碎的亮片延伸至全身，闪闪烁烁，让穿着者如深邃夜空里的星辰般璀璨动人。

大到手包小到戒指，采用同色系的搭配方案，使得穿着者散发出光芒四射的魅力，更能展现高贵华丽的外在形象。

▨ RGB=238,195,143 RGB=244,234,233

同类配饰元素

这是一套适合于女性出席派对穿着的服装搭配方案。选用黑色 V 领吊带和矿紫色百褶裙组建了整体服饰搭配，充分展现穿着者惬意随性、高雅的气质。

上衣采用吊带 V 领的设计，露出性感迷人的锁骨与后背，同时露腰的剪裁尽显穿着者的傲人身材，适合身材性感的女性穿着；下装采用欧根纱加上雪纺材质的百褶裙，飘逸唯美动人。

与上衣相呼应的黑色高跟鞋及手包，加上与下装相呼应的耳坠及项链，交错穿插的色系搭配，使得整体服装极具统一和谐感。

RGB=23,22,27　RGB=89,75,99　RGB=184,170,186

同类配饰元素

这是一套适合于女性出席派对穿着的服装搭配方案。礼服透视长袖的设计隐约中透露出一丝性感，轻松打造出性感小女人的气息。

服装充分利用刺绣元素作为整体服装风格。黑色丝网搭配黑色刺绣，给人以黑天鹅浮于水面的拟物感。而且用于刺绣工艺的晚礼服装束，给人以华美高贵的视觉效果。

配上一双同色系的高跟鞋以及颜色较深的红色手包和其他配饰。深色系的搭配，让知性、复古的气质瞬间萦绕在身边。

RGB=17,17,13　RGB=121,38,38

同类配饰元素

3.9 新娘装留住最美的回忆

"新娘装"是指新娘出席婚礼时穿着的服装，其中包括婚纱服、敬酒服。其中婚纱服多为拖尾婚纱，一般是白色、粉色等淡色。主要展现出庄重、豪华的视觉感。敬酒服主要是在酒桌间穿行，最好选择合身便捷一点，千万不要太蓬蓬或者有亮片，颜色以红色和金色居多。

每位女生穿上婚纱都希望自己能够展现出与众不同的气质和惊艳全场的魅力。一件漂亮的婚纱会将女人的美演绎到极致，让身处浪漫婚礼的新娘变成人间最美最快乐的女人。

特点

❶ 材质极佳、优雅高贵，注重剪裁时尚。

❷ 白、粉、红三色是新娘装的经典颜色，除此之外蓝色和米色也是非常适合的颜色。

❸ 运用配饰提升整体。头纱、手套、耳环、项链、披肩等搭配得当都能成为点睛之笔。

这是一套适合于正式场合或者出席喜宴穿着的服装搭配方案。礼服以深红色为主，精致的蕾丝镂空可以化解深红色艳丽的浮躁，里外不同的红色给整套礼服增加了层次感。

无袖和花朵刺绣设计使得服装整体极具性感魅力。同时加上收腰的设计衍生出恰到好处的曲线美。

搭配同色系的高跟鞋和金色系的饰品，整体搭配将时尚与传统结合为一体，加上刺绣作为点缀，使得穿着者散发出传统女性的古典气质。

RGB=166,39,45 RGB=70,29,27 RGB=219,185,140

同类配饰元素

RGB=208,206,217　RGB=170,157,178　RGB=246,178,200

同类配饰元素

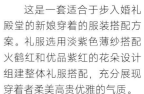

这是一套适合于步入婚礼殿堂的新娘穿着的服装搭配方案。礼服选用淡紫色薄纱搭配火鹤红和优品紫红的花朵设计组建整体礼服搭配，充分展现穿着者柔美高贵优雅的气质。

蓬松的前短后长型淡紫色婚纱，将修长的腿部曲线展现得淋漓尽致。露香肩展现新娘迷人的锁骨与后背，同时缀满山茶花的裙摆设计，避免了薄纱的单调又增加了层次感，使婚纱看起来更加性感优雅。

搭配同色系的高跟鞋、花环、耳坠、手捧花等装饰，将新娘的性感优雅进行到底，绝对惊艳全场！

这是一套适合新娘在婚礼时穿着的服装搭配方案。米色系抹胸的婚纱加上亮钻设计，充分展现穿着者高贵靓丽的气质。

婚纱采用极佳的材质与裁剪，看上去尽显高贵与优雅，而且抹胸的设计不仅可以很好地修身，而且还表现出对纯洁爱情极高的敬意。

搭配同色系的高跟鞋、手包、耳坠等饰物使婚纱的整体更能展现穿着者高贵奢华的外在形象。

RGB=223,217,201　RGB=242,238,228　RGB=222,200,173

同类配饰元素

蕾丝礼服

艾莉·萨博 Elie Saab

金色和银色的蕾丝悬浮在粉色网格面料上，飘逸的面料让女人在行走间浮游流动。

礼服上的蕾丝图案是以法国尚蒂伊城命名的扁平无捻线，勾勒出精美底样的蕾丝图案制作而成。

礼服上身的蕾丝图案都是用奢华的闪光珠饰装饰。精致闪耀的设计，使得穿着者宛如精灵一般的存在。

艾莉·萨博 (Elie Saab) 是黎巴嫩高级时装设计师艾莉·萨博 (Elie Saab) 于 1982 年创立的同名品牌。艾莉·萨博的作品，一向都是以奢华高贵、优雅迷人的晚礼服而著称。

而且艾莉·萨博的高级定制秀场以华丽风格取胜，运用丝绸闪缎、珠光面料、带有独特花纹的雪纺、银丝流苏、精细的刺绣等，充满飘逸轻灵的梦幻色彩，为所有女人构筑一个童话般的梦。

同时运用褶皱、水晶和闪钻，艾莉·萨博大手笔勾勒出精美奢华的服饰盛宴，挥洒着熠熠星光，带给所有人炫目时尚的同时，亦让艾莉·萨博的女人化身成最优美的精灵国度公主。

"为什么我要影响我的晚装和婚纱特长呢？我知道礼服的本质，知道该怎样应用华贵的面料、复杂的珠片，我能为女性创造完美。"

——艾莉·萨博

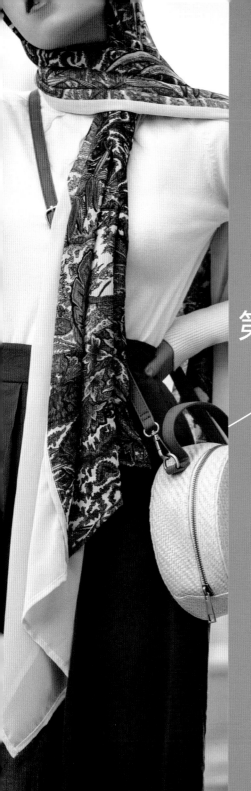

第 4 章

服装风格

　　服装的风格是指不同种类、样式的服装在形式和内容方面所体现出来的价值理念、内在品位和艺术的共鸣。服装风格体现了设计师独特的创作思维、对美的认知，也凸显出强烈的现代化特征。

　　现代服装设计，在遵循保留传统的基础之上，用敏锐的眼光，将与众不同的形象展示在大众眼前，完美演绎特立独行的个性。

　　服装风格大致有森女风、学院风、度假风、中性风、混搭风、复古风、淑女风、运动风、格子风、潮流风、娃娃风、情侣风等。本章就带大家了解这几种服装风格的特点以及效果。

4.1　恬静森女系——淡淡田园风

　　森女风格是指装扮淡雅、清新自然的风格。在装扮上偏爱多层次民族风、宽松棉质园裙等类型。衣服多以麻棉等天然材质为主，颜色基本上选择富有大自然气息的大地色、裸色或暖色，以传达温柔安静的气质；服装图案偏重田园风，整体风格上追求宽松、随意。其中总带着一点甜美怀旧的感觉。常见的搭配单品有长裙、围巾、针织衫等。

特点

　　❶ 简约、素雅、悠闲，注重自然风格。

　　❷ 颜色以大地色和暖色系居多。

　　❸ 运用小物提升整体。碎花、格纹、民族图腾、刺绣、毛线织等配饰搭配得当都能成为点睛之笔。

　　这是一套适合于女性出门逛街时穿着的服装搭配方案。该连衣裙采用了棉麻材质碎花设计而成，充分展现穿着者烂漫的文艺气质。

　　精致小圆领、花苞袖在柔美印花的点缀下，让连衣裙合体又耐看，腰间细腰带设计让腰线优雅过渡，在白色里衬的映衬下，各种新鲜的小花散布在裙纱上，让整体留住一份轻柔自然之美。多种颜色的花叶枝均衡分布，纷繁却淡雅，棉麻的质朴纹路让花纹韵味更佳。

　　搭配一款大地色的凉鞋及遮阳帽，棉麻式的朴素自然与文艺情怀最搭，绽放出一生相伴的深情。

RGB=251,249,236　RGB=31,21,69　RGB=242,227,67　RGB=254,201,211

同类配饰元素

这是一套适合于女性出门逛街时穿着的服装搭配方案。该连衣裙选用白色为底加上淡蓝色竖纹设计而成，充分展现穿着者淡雅内涵的气质。

该连衣裙采用一字领露肩设计，露出性感的锁骨，加上荷叶边袖遮住粗手臂更有美感，同时收腰设计与竖条纹相结合，让穿着者更显腰身，凸显性感魅力。

搭配一双白色系带凉鞋，以及森女系的手机壳，在小细节的地方提升气质，显得整体搭配小清新气质十足。

RGB=255,255,255 RGB=177,195,215

同类配饰元素

这是一套适合于女性日常休闲时穿着的服装搭配方案。该整体服饰将蓝黑加白色的条纹T恤和浅青色水洗牛仔裤搭配在一起非常适于日常穿着，舒适时尚。

这款经典的黑白条纹T恤设计简约大方，休闲风十足，但横条纹有时会产生视觉拉大的效果，所以不太适合骨架大的女生。下身的短款牛仔裤，凸显穿着者的长腿魅力。

搭配一双米色凉鞋，把整体视觉拉长到腿部，使身材变得更加完美。再加上一个遮阳帽，来一场说走就走的旅行吧。

RGB=255,255,255 RGB=18,25,30 RGB=189,205,208

同类配饰元素

4.2　减龄学院风——让你时刻充满青春活力

　　学院风格是一种代表着年轻的学生气息、青春活力、可爱时尚的穿搭风。"学院风"衣装常以背带裤、短裙、条纹衫、白 T 恤、帆布鞋、休闲靴等搭配居多。近年流行的"学院风"以简便、理性为主。

特点

　　❶ 简约、干净、注重舒适。

　　❷ 学院风格的主色调大多为纯黑、纯白、殷红、灰色等较为沉稳的颜色，有的还会配以少量黄绿色系作为佐色。

　　❸ 标志性的单品包括西装外套、卡其裤、针织背心、Polo 衫、格纹衬衫、胶框眼镜等。

　　该方案适合学生在校园的着装，受众人群年龄倾向于十几至二十岁的年轻女性。选用清爽的铁青色连体背带裤和纯白色 T 恤进行搭配，整体服装配色和谐，给人舒适放松的视觉感受。

　　整体配色简洁大方、使人一目了然。剪裁潇洒利落的牛仔连体裤与百搭的纯棉短袖清凉时尚，让人欲罢不能。

　　搭配与白色上衣统一颜色的背包与鞋子，既可看出穿着受众人群倾向年轻化，又展现出穿着者简约轻松的外在形象。

■■　RGB=42,77,125　RGB=255,255,255

同类配饰元素

这是一套适合于女性出门逛街时穿着的服装搭配方案。该服装是采用淡青色纱质上衣搭配青灰色欧根纱短裙组建而成的套装，充分展现穿着者清冷淡雅的气质。

雪纺材质的蝴蝶袖和领口的蝴蝶系带加上下身淡青色雪纺透明欧根纱的设计，整体给人一种飘飘飞仙的视觉感。

大到手包小到发卡设计，都以服装整体搭配统一原则，展现出穿着者清新雅致的外在形象。

RGB=224,237,228 RGB=144,156,152

同类配饰元素

RGB=221,177,192 RGB=247,247,248 RGB=179,154,149

同类配饰元素

这是一套适合于青春少女在冬季穿着的服装搭配方案。选用浅玫粉短款羽绒服搭配白色的薄毛衣和卡其色千鸟格的短裙组建整体服饰搭配，充分展现穿着者年轻可爱的气质，学院风十足。

羽绒服作为冬季的必备款之一，现在已经不仅仅是单纯地作为御寒之物，还是潮流与时尚的彰显。搭配短裙逆袭潮咖，摆脱臃肿，活力满满尽显纤瘦身材。

搭配与羽绒服同色系的面包鞋，在保暖的同时凸显时尚感。再加上与短裙相搭的千鸟格贝雷帽，淋漓尽致地展现时尚活泼的外在形象。

4.3 海边度假必备——波西米亚长裙

波西米亚风格的服装是波西米亚精神的产物，但并不是指波西米亚当地人的民族服装，它是一种融入波西米亚风格元素的服装。波西米亚风格服饰的代表就是大长裙，通常在设计上会展现出层层叠叠的花边、无领袒肩的宽松上衣、大朵的印花、手工的花边和细绳结、皮质的流苏、纷乱的珠串装饰等；注重领口和腰部设计。波西米亚风格的长裙适合日常休闲、海边度假时穿着。而且波西米亚风格的长裙比较适合个头高挑的女性，穿者的身材最好苗条一些，这样更能穿出长裙的轻盈优雅的美感。

特点

❶ 在浓浓浪漫气息的基础上搭配性感、清凉、精致的潮流等元素，靓丽舒适，百搭实用。

❷ 用色通常采用撞色来取得效果，如宝蓝与金咖、中灰与粉红等。

■ RGB=217,183,90　RGB=64,198,187　RGB=221,27,77

该服装搭配方案适合女性在海边度假时穿着。该连衣裙采用色彩丰富的波西米亚元素与相互交叉的横条纹，使整体服装配色和谐，给人亮眼舒适的视觉感受。

连衣裙采用挂脖系带设计，露出性感迷人的后背，雪纺大摆裙，飘逸、唯美、动人，高腰设计使得穿着者更加高挑。

搭配一款系带平底鞋、编织草帽、编织包包以及其他小配饰，充分展现出穿着者唯美清新的外在形象。

同类配饰元素

这是一套适合女性在海边度假时穿着的服装搭配方案。白色连衣裙上点缀着鲜红色和群青色的波西米亚元素刺绣，给单一的白色增添了色彩与层次感，给人一种仙女的感觉，凸显干净甜雅的完美气质。

波西米亚元素设计加上亮色点缀，美丽又精致，圆领尽显女性的温柔与性感，胸前及腰带的流苏设计与整体服装相统一，充满异域风情。

搭配酒红色的系带平底鞋和草编的遮阳帽，尽显女性的优雅与柔美，特别适合度假时穿着。

RGB=255,255,255 RGB=204,30,34 RGB=37,77,163

同类配饰元素

RGB=98,124,178 RGB=31,31,31 RGB=244,241,237

同类配饰元素

该服装搭配方案适合女性在海边度假时穿着。该套装采用黑色吊带搭配以白色为底印有道奇蓝色的花纹样式组建成整体服饰搭配，充分展现穿着者性感的气质。

上身为纯黑色Ｖ领吊带背心，尽显穿着者迷人的锁骨与后背，下身长裙以白色为底色印有独特的波西米亚图案样式，充分展现出异域风情。上短下长将穿着者的高挑身材展现得淋漓尽致。

混搭一双极具现代休闲感的交叉带凉鞋和深蓝色手包，看似漫不经心，实则出奇制胜。充满了古典美与现代感的视觉冲击。

仙女裙

华伦天奴 Valentino

华伦天奴的这款仙女裙应用花朵、圆点及大量的金丝刺绣相结合作为细节装饰。在细节之处透露着唯美。

多种设计方式融合，打造出一种仙而不俗的设计感。

两条袖子运用金色刺绣拼接，让微型的花卉与色彩缤纷的圆点争奇斗艳，充满华丽感。

具传奇色彩的时装大师 Valentino Garavani 和 Giancarlo Giammetti 于 1959 年创立了 Valentino（华伦天奴），作为全球高级定制和高级成衣顶级的奢侈品品牌，Valentino（华伦天奴）以罗马式贵族气质著称，每件作品都精致得像是艺术品，高调之中却隐藏深邃的冷静。

"展现女性的本质、美丽的本质和奢华高级时装的本质是非常重要的——这件礼服就是完美的。它就像是根据女性的身体雕刻出来的雕塑。"

——华伦天奴

4.4 帅气迷人中性风——你的专属 Style

中性风格是男女都适用的风格。这种风格表现在服装上，则是将女装高雅、温柔的女性化元素与硬朗干练的男性化元素进行平衡混合，创造出的独特崭新风格。

特点

❶ 干净利落，没有过多的装饰和繁杂的花纹。

❷ 黑色、白色和灰色是常见的中性风颜色。颜色以纯色居多。

❸ 基本上以衬衫、风衣、机车外套、皮衣卫衣为主。

这是一套适合于女性或男性日常穿着的服装搭配方案。该服装选用温暖的象牙白搭配沉静的蓝灰色及低调的黑色进行色彩调和，整体服装配色饱和度较低，给人舒适柔和的视觉感受。

象牙白的外套采用宽松立体的版型设计，显得整个人利落干练，再搭配蓝灰色的衬衫来中和，不仅可以增加视觉效果，还能提亮肤色。再加上现在极为流行的黑色露膝牛仔裤，时尚潮流感十足。

大到背包小到墨镜，均采用简约的款式与配色，把"中性风"拿捏得恰到好处。

RGB=232,229,221　RGB=138,153,168　RGB=36,36,34

同类配饰元素

这是一套适合于身材较胖的女性或男性日常穿着的服装搭配方案。该长衫采用黑色为底加上白色线条的格子布料。黑白都属于中性色调，它们结合在一起，干净舒适，是高级感超强的搭配装束。

格子衬衫增加了衣服的立体感，直筒宽松的版型将穿着者身上的肉肉隐藏起来，尽显高挑与挺拔，随意自在，更是模糊了性别，上身后让你气场全开。

大到背包小到眼镜，服装整体运用的统一性原则更能展现穿着者随性帅气的外在形象。

RGB=35,34,40　RGB=255,255,255　RGB=115,116,119

同类配饰元素

这是一套适合女性或男性日常休闲穿着的服装搭配方案。整体选用饱和度中等的黑、灰、蓝灰三色组建整体搭配色彩，整体造型透露出简约理性的气质。

宽松的毛衣能遮住上半身，将女性的曲线模糊化，尽显女性的休闲与随意，同时也比较适合身材微胖的女性穿着。

搭配蛇纹双肩包和小白鞋以及黑色棒球帽，整体造型充分展现出中性美的外在形象。

RGB=127,128,133　RGB=127,146,173　RGB=34,34,34

同类配饰元素

4.5 不能错过的混搭法则——瞬间 UP 时尚度

"混搭"意思是把风格、质地、色彩差异很大的衣服搭配在一起穿，产生一种既与众不同又能凸显自己个性的效果，是一种时尚且个性十足的穿衣方法。混搭的魅力就在于它的随意性和自主性，以及所产生的个性化效果。它打破了传统着装的单一性和固定性，使着装成为自由自在的个性化的一种体现方式。常见的中性风格服装单品有 T 恤衫、牛仔装、低腰裤等。

特点

❶ 简约、舒适有活力，注重舒适得体，同时要凸显穿着者的个性与风尚。

❷ 颜色穿搭因个人喜好而定，因人而异。

❸ 运用当下流行的装饰元素，符合现代人的服装搭配风格。

这是一套适合于女性日常穿着的服装搭配方案。受众人群年龄倾向于十几至二十岁的年轻女性。选用黑色皮夹克内搭白色 V 领半截袖和下身搭配蓝灰色条纹长裙，整体服装配色饱和度较低，给人舒适柔和的视觉感受。

棉麻材质的白色内搭与蓝灰色长裙，给人一种朴实淡雅的感觉，中和了皮革材质的风衣夹克给人桀骜不驯的视觉感，整体造型极具艺术感染力。

搭配镶满铆钉的黑色背包以及小白鞋，逛街穿搭的时装范指数直线提升。

■ ■ RGB=33,33,33 RGB=241,239,233 RGB=129,139,151

同类配饰元素

这是一套适合于秋冬季节女性日常穿着的服装搭配方案。将橙黄色毛衣和火鹤红百褶裙搭配在一起，上身毛衣长袖的设计，充分显现出穿着者手臂长，并有拉长上身的视觉效果。

身穿橙黄色毛衣加上火鹤红百褶裙显得格外温柔恬静，在细节和色彩上体现了好品位，混搭风十足。中长款的百褶裙具有复古味道。这种复古风情对个人的要求很高，适合身材比例较好的女性穿着。

平绒材质的深琥珀色高跟鞋与人造皮革材质的淡粉色方包相搭配，更能展现出穿着者时尚典雅的外在形象。

RGB=229,187,78　RGB=221,161,158

同类配饰元素

RGB=55,71,98　RGB=112,87,38　RGB=124,137,143

同类配饰元素

这是一套适合男性日常休闲穿着的服装搭配方案。选用50%灰的羽绒马甲搭配水墨蓝色的卫衣以及驼色的短裤组建成的整体服装搭配，不仅显瘦而且充满青春活力感。

一件水墨蓝色的卫衣点缀上字母红色横杠，给单调的卫衣增添了一丝动感，非常时尚清新，让人眼前一亮。同时再搭配上经典流行的驼色短裤和一个50%灰色的羽绒马甲，让整体尽显时尚大方。

搭配一双深色系板鞋及橄榄绿色的帽子，充分展现出穿着者时尚休闲的外在形象。

4.6　秀出你的个性与时尚——运动风燥起来

　　近年来在时尚圈中盛行的运动风颠覆了以往人们对于运动装扮的印象，除了机能性之外还增加了服装外形的设计，逐渐地打破了日常穿着和运动穿着之间的界线。而且现在的运动风已经不是日常健身专属，平时上班、逛街、聚会或者度假时穿着也很适合。时尚的运动风穿搭绝对不是指从头到脚的运动服，而是要将运动元素和其他合理混搭，并借鉴运动装设计元素，使其充满活力。

特点

❶ 舒适、随性、便于运动，功能性较强，凸显穿着者的的个性与风格。

❷ 色彩比较鲜明，白色以及各种不同明度的红色、黄色、蓝色等在运动风格的服装中经常出现。

❸ 在造型上，通常运用块面与条状分割及拉链、商标等装饰。

　　■■■　RGB=233,201,191　RGB=11,10,15　RGB=189,185,184

同类配饰元素

　　该方案适合十几至二十岁的年轻女性的日常休闲着装。选用清爽的淡粉色与灰色进行色彩调和，整体服装配色的饱和度较低，给人舒适柔和的视觉感受。

　　淡粉色圆领卫衣搭配灰色运动短裤，展现出穿着者清爽、活泼的外在形象。宽松的短裤设计，使得穿着者舒服自在，没有拘束之感。前胸的图案设计让该卫衣少了份运动的味道，多了一份潮流时尚气息，很受年轻女性欢迎。适合搭配各种风格的裤子。

　　搭配灰色系的运动板鞋，在随意中增添了一种运动感。

这是一套适合于年轻男性日常穿着的服装搭配方案。整体选用黑、白、墨蓝色三色组建整体搭配色彩，充分展现穿着者沉稳谨慎的气质。

服装上半身黑色T恤胸前的动物与文字相结合的设计，为沉闷单调的黑色增添了动感，尤为突出。下身搭配休闲短裤，凸显了活力与时尚。

搭配稍浅一些的灰色运动鞋，让整体服饰有个过渡感，充满了律动。加上一个黑灰相兼的双肩包，给人一种随时随地动起来的视觉感。

■□ RGB=22,22,22　RGB=255,255,255　RGB=127,135,153

同类配饰元素

■ RGB=12,12,12　RGB=255,255,255

同类配饰元素

这是一套适合年轻男性日常休闲时穿着的服装搭配方案。整体选用黑、白两色组建整体搭配色彩，充分展现穿着者精明干练的气质。

上半身黑色T恤胸前的品牌LOGO极其显眼，简洁又有独特性。而且立体裁剪的设计让T恤更挺拔舒适。下身运动裤修身收口设计，保证舒适性的同时避免了松垮感。长裤取消两侧条纹装饰，改为在左侧裤身处的品牌LOGO标识，简洁而同样增强了时尚感。

搭配同款的背包、运动鞋以及帽子，服装整体运用的统一性原则更能展现穿着者随性帅气的外在形象。

白衬衣

山本耀司 Yohji Yamamoto

为与经典白衬衣的含蓄纯粹保持一致，山本用传统的工艺，包括法式缝来设计，窄翻领开至胸部，溜肩缝和深袖口让衬衣宽松、自在。中性感十足。

衬衣上的两个口袋正好相反：一个胸部，一个在臀部，充满设计感。

下半身搭配流线型、屠夫式条纹印花套裤，阔腿、折扣的设计以及将脚踝裸露在外，整体搭配充满了禁欲系的美感。

山本耀司（Yohji Yamamoto）分别于 1972 年和 1979 年创立了 Y's for women 及 Y's for men。Y's 系列贯彻 Yohji 的设计理念，较为实用及 easy to carry，是新一代的潮流指标根据。山本耀司品牌的服装以黑色和白色居多。无论是激烈的后现代，还是宁静的简约派，从来都没有离开过黑色与白色的纠缠。这是沿袭了日本文化的风格。

Yohji Yamamoto 的设计风格一向都是不按常规、不分性别的。根据男装的理念去设计女性服装，而细致的剪裁、洗水布料和黑色都是 Yohji Yamamoto 的长青项目。

"如果衣服是完美合身的，那它就像雕塑，而不是时尚。"

——山本耀司

4.7　出门约会巧穿衣——教你如何变身淑女范儿

　　"淑女风格"是指让人从穿着一看就能表现出女人纯洁、温柔、真挚的人格魅力。受众人群年龄倾向于二十五至三十五岁的年轻女性。淑女风格穿衣打扮以连衣裙为主，图案简洁大方没有太多的装饰，尽显淑女风范但也不会太过于俗气。上装的颜色要相近搭配，属同一色系，反差太大，对比太强烈都不好。淑女风格的装扮逛街或者通勤都可以，适合各种场合，是一种不会出错的搭配风格。

特点

　　❶ 自然清新，优雅宜人是这一风格的最大特色。

　　❷ 淑女装颜色以淡蓝色、粉色为主，颜色多偏向于粉红、嫩黄等温和色。

　　❸ 多以蕾丝、荷叶花边点缀，领口、袖口多层花边。一般是套装，且裙装居多。

　　❹ 适合文静的女生穿。淑女装对身材要求比较高，必须要瘦一点。

　　该方案适合年轻女性日常着装，受众人群年龄倾向于十几至二十岁的年轻女性。选用柔和的火鹤红作为无袖连衣短裙的主色，整体服装配色饱和度较低，给人以婉约轻熟的视觉感受。

　　无袖的连衣短裙设计了满身的羽毛流苏，给人以浓浓的女性魅力和飘逸的视觉感。同色系的细腰带设计，简约利落的版型，穿身效果极佳，一片一片的羽毛，呈现立体感，更凸显整体的时尚气息。

　　搭配同色系的镶钻手包及鞋子，粉嫩气息十足，而且充分展现出穿着者的淑女气质。

　　■ RGB=239,183,181

同类配饰元素

该方案适合年轻女性日常着装，受众人群年龄倾向于二十至三十岁的年轻女性。采用白色V领毛衣搭配短款印花蓬蓬裙组建整体服装搭配，充分展现穿着者精明干练的气质。

服装上身采用简单的胸前交叉设计，增加层次感，表现出女性的多样、性感和温柔。下身蓬蓬裙A字型的设计，时尚简约，高腰的设计，突出小蛮腰拉长整体效果尽显纤瘦身材，同时印有桃花的样式增添了女性柔美气息。

大到手包小到手链，整体服饰采用温和色调进行搭配，更能展现优雅纯洁的外在形象。

RGB=245,241,241 RGB=249,225,223 RGB=253,220,195

同类配饰元素

RGB=239,227,220 RGB=233,204,189 RGB=250,222,218

同类配饰元素

该方案适合年轻女性日常着装，该连衣裙以壳黄红色为主色，温和的色调给人一种温柔、优美的视觉印象。

该连衣裙融合植物刺绣花朵元素，馥郁芬芳释放优雅迷人风韵。运用双层拼接镂空绣花面料，如精雕细琢般，充满艺术灵性，结合独特的泡泡袖设计，释放出唯美的浪漫风情，为女人更添一份尊贵优雅的魅力。

搭配浅口裸色高跟鞋露出大面积脚背让腿部更纤长，能使女生的甜美指数瞬间升高，再加上可爱甜美的裙装，真是粉粉惹人爱。

4.8　谜一样复古气质——依然很潮

复古服装通常指几十年前流行的服饰又重新流行起来，成为被人们追捧的服装。在时尚界，复古风格一直火热，无论春夏秋冬都有各种复古风格的服装品牌出新款，从日常服装到各种配饰，复古风可谓铺天盖地。常见的复古单品有天鹅绒连衣裙、鹿皮外套、喇叭裤、迷你裙和及膝靴等。常见的元素有蝙蝠袖不规则图案上衣，流苏和复古甜美风的大蝴蝶结、铆钉、亮片、镂空的蕾丝及花边等，各类元素的巧妙运用也是大众化复古流行的特色。

特点

❶ 向往传统、怀旧、注重整体线条的动感表现。

❷ 卡其色、米色、灰色等明度较低的色彩是复古风格服装的经典颜色。

❸ 搭配小饰品，让服饰更有味道。

❹ 穿衣风格要和特定的场合和环境相符合。

▨ ▨ RGB=55,71,98　RGB=112,87,38　RGB=124,137,143

同类配饰元素

该方案适合女性出门逛街及旅行时的着装搭配，该连衣裙选用低调的壳黄红和沉静的黑色以及柔和的月光白三色进行色彩调和，整体服装配色饱和度较低，给人舒适柔和的视觉感受。

这款连衣裙上身的披风设计，能够很好地遮挡手臂，同时弱化肩部线条，给人以纤细之感，适合微胖的女性穿着。颈部蝴蝶系带的设计，加上胸前的蕾丝形状设计，提升了可爱性感的格调。

与连衣裙相呼应的灰白色高跟鞋子、黑色亮面斜挎包及白色框眼镜，让整体和谐统一，给人极强的复古感。

这是一套适合于女性在日常休闲时着装，受众人群年龄倾向于三十至四十岁的成熟女性。选用墨绿色毛呢大衣搭配黑色毛衣及千鸟格长裤，整体色调饱和度较低，充分展现出复古潮流的效果。

黑色毛衣的长袖设计优化比例，同时与外套亲密互动，层次分明；下搭踩脚裤，与整体相协调尽显复古风范。将外套随意的搭在身上，轻松随性，时尚感提升。帮助上半身显瘦且优雅范足。

搭配一双黑色皮革材质的亮面坡跟鞋，以及孔雀绿色斜挎包恰到好处地展现出女人独有的韵味，根本不用费力凹造型，个中魅力，不言而喻。

RGB=55,71,98 RGB=112,87,38 RGB=124,137,143

同类配饰元素

RGB=55,71,98 RGB=112,87,38 RGB=124,137,143

同类配饰元素

这是一套适合女性在日常休闲时着装，受众人群年龄倾向于三十至四十岁的中年女性。整体选用深壳黄红色风衣搭配博朗底酒红色套装组建成整体服装搭配，极具故事性充满神秘色彩，充分展现出成熟女性的魅力。

无袖紧身上衣搭配高腰阔腿裤是复古风格的特色，再搭配一件深壳黄红色的风衣，充分展现出修身显气质的效果。适合腰细但腿粗的女性穿着。

搭配一双细跟并镶嵌着铆钉的尖嘴高跟鞋，将复古进行到底。为整体服装搭配增添了一丝文艺气息。

4.9 跟格子一起——将经典进行到底

格子样式是百搭单品，通常有经典的黑白格子、素净的蓝白格子，还有非常公主风的粉白格子等一系列的格子样式，格子风向来给人一种文艺小清新的感觉，而且透出一股英伦的优雅气息，仿佛回到了学生时代的感觉，适合的搭配会非常减龄，因此格子风也成了春秋季节的必备单品。

特点

❶ 用料考究、奢华内敛，注重舒适时尚。

❷ 格子风色彩因款式而定。

❸ 格子较为百搭，随性的搭配包容性很强。

❹ 场合适应性强，各种风格随意切换。

该方案适合女性日常着装搭配，受众人群年龄倾向于二十几至三十岁的年轻女性。连衣裙采用鲜红、藏青色、香槟黄格子作为样式色调的设计，充分展现出优雅英伦气质。

粗花呢大衣有着多彩的编织肌理，加入金银丝线闪耀着隽永的光泽，这样明暗交织格子纹路展现出典雅独特的视觉效果。服装整体采用修身中长款型的设计，能够很好地起到遮肉显瘦的效果。让穿着者尽显高挑与优雅，同时又让微胖的女性显得更加纤细。

剪裁经典的粗花呢大衣注重细节，用最简单的搭配就很出众，同时结合红跟黑面的高跟鞋以及红线黑面的斜挎包，同色系穿搭打造强烈的整体效果和凸显高级质感。

RGB=223,20,23 RGB=50,56,91 RGB=255,255,162

同类配饰元素

这是一套适合于女性日常休闲及出席活动时穿着的服装搭配方案。连衣裙以彩色夺目的七色彩虹色调为主，粉色蝴蝶结吸引着人们的眼球，在任何场合都能成为时尚的焦点。稍有巧思的彩虹格子搭配让线条紧致有力，有减龄效果。

时尚经典圆领设计，贴合颈部线条，展现女性独有的迷人修长脖颈，修饰脸型。蝴蝶结设计，有减龄效果，性感中流露出一丝甜美。完美的 S 版型，凸显细腰，更有女人味。下摆采用褶皱 A 字大摆设计，很好地遮挡了腰腹下半身，使女性曲线轮廓自然完美展现。

搭配同样彩虹色系的手包及高跟鞋，轻松艳丽与褶皱复古相结合，为你带来一个别具一格的彩虹梦幻裙。

RGB=247,89,61 RGB=13,200,235 RGB=237,208,82

同类配饰元素

RGB=165,38,56 RGB=205,177,181 RGB=255,255,255

同类配饰元素

这是一套适合于女性日常休闲及出席活动时穿着的服装搭配方案。整体选用酒红、白色两色相交替的格子样式组建整体搭配色彩，充分展现出名媛小香风，给人以娇小可爱的感觉。

连衣裙采用一字领露肩设计，领口加入弹力皮筋，不会觉得过于紧绷，也不会让衣服轻易滑落。荷叶边的设计可以遮住你的"拜拜肉"，衣服的长度是比较小巧的，隐约可以露出你的小蛮腰，透着一丝小女人的性感。

红色的格纹一字肩连衣裙搭配深红色系带鞋，手拎当下最时尚的鲜红色斜挎包，清新又复古，文静中又不失优雅。

花苞形态的裙装

芬迪 Fendi

这款 Fendi 裙装采用细密的条纹设计搭配精致镀金织物做成的锁边设计，这些不同风格的作品被巧妙地结合在一起，呈现出冷静淡然却又充满创意的效果。

以褶皱收腰加上花袖廓形设计以及不规则"花苞"的裙边设计，使得穿着者宛如花中仙子模样。

Fendi（芬迪）是爱德华多·芬迪（Edoardo Fendi）和阿黛勒·芬迪（Adele Fendi）夫妇于 1925 年创建的意大利著名的奢侈品品牌。Fendi（芬迪）品牌已经成为时尚和梦想的代名词，其大胆的创新和杰出的设计，在时装界不断创造着奇迹。

Fendi 最广为人知的"双 F"标志出自"老佛爷"卡尔·拉格菲德（Karl Largerfeld）笔下，常不经意地出现在 Fendi 服装、配件的扣子等细节上，后来甚至成为布料上的图案。定义了"FUN FUR"的概念，这成为 Fendi 双 F 标志的灵感来源，而现在双 F 标志成为享誉世界的商标。

芬迪其他系列美衣欣赏：

4.10　唯美娃娃风——变身萌萌哒

　　每个人都有个童心，穿上可爱又甜美的娃娃装是最直接的体现方法，用甜蜜滋润恋爱的心情，带你回到纯真的童年。此外，娃娃装出色的轮廓设计，能够让你轻松穿出纤细感的瘦身效果，告别老气，从俏皮显嫩的娃娃装开始吧。我们的目的不是装嫩，只是让陌生人看不出实际年龄。通常粉色、春花、蝴蝶结、雪纺和蕾丝是娇俏可人的娃娃风服饰特有的元素。

特点

　　❶ 清新、可爱，注重减龄效果。
　　❷ 娃娃装颜色以白色、粉色为主，颜色多偏向于粉红、嫩黄等温和色。
　　❸ 多以蕾丝，荷叶花边、领口、袖口多层花边；一般是套装，且裙装居多。
　　❹ 适合身高较矮的女生穿着，在减龄的同时又不失优雅。

▭▮ RGB=243,243,241　RGB=17,17,19

同类配饰元素

　　该方案适合女性日常穿着搭配，受众人群年龄倾向于十几至二十岁的年轻女性。连衣裙选用白色为主色搭配黑色进行色彩调和，整体服装配色给人干净柔和的视觉感受。

　　连衣裙采用宽松的 H 型直身设计，袖口及裙边以黑色收底，让穿着者看起来分外娇小玲珑，有着小小名媛的淑女感觉。上衣右侧的复合口袋处花边设计带来童真的可爱。宽大的荷叶下摆以及袖口处的荷叶边更为穿着者添加浪漫气息。适合身材娇小的女生穿着。

　　搭配一双白色高跟鞋以及圆筒斜挎包，活泼俏皮，充满青春的动感。

这是一套适合年轻女性日常休闲时穿着的服装搭配方案。连衣裙采用火鹤红、淡粉色和爱丽丝蓝三色组建整体搭配色彩，撞色的设计充分展现穿着者清新甜美的气质。

连衣裙采用了一字露肩蕾丝花边设计，领肩部分采用蕾丝花边拼接，露出性感的锁骨，显得肌肤柔美动人。上身雪纺面料风格低调内敛，不失含蓄之美，加上印花设计能够很好的遮挡手臂，适合微胖的女性穿着。腰部的蝴蝶结设计，修身显瘦，下身 A 字型水溶纱材质的设计，给人一种灵动、飘逸的视觉感。

搭配同样粉嫩系的高跟鞋和手包以及项链，展现女性甜美的优雅气质。

RGB=231,196,187　RGB=253,217,213　RGB=192,202,222

同类配饰元素

RGB=244,233,237　RGB=255,255,255　RGB=223,183,197

同类配饰元素

这是一套适合年轻女性日常休闲及出行时的穿着服装搭配方案。整体选用淡粉、白、火鹤红三色组建整体搭配色彩，充分展现穿着者可爱柔美的气质。

连衣裙采用 H 型直身设计加上复古宫廷气质的荷叶边和极尽甜美柔嫩的花边设计，全然一副洋娃娃的娇俏模样。胸前镂空刺绣设计精致细腻，超级减龄。衣身处的纯色与刺绣的简繁搭配运用得巧妙至极。

搭配与连衣裙颜色相呼应的平底凉鞋，以及一个印有猫咪图案的钥匙包，整体效果可爱名媛风十足。

4.11 情侣风来袭——让爱情更甜蜜一些

"情侣装"是指情侣双方穿的衣服，是表达情侣双方爱情的一种服装，同时也是受大众情侣欢迎的服装类型之一。当然情侣装也不必完全是一模一样的款式，关键是色彩、材质、款式的呼应，同样的花色、材质，二选其一，便会有不错的效果。在风格上有素雅大方、古朴自然、热情奔放等不同风格。

特点

❶ 体现出和谐相容、相亲相爱的外在形象是情侣或夫妻的共同服装。

❷ 情侣装款式多样，花色繁多，图案丰富。

❸ 款式不拘泥与同一类型，不同的类型可以展现穿着者不同的风格与个性。

该方案适合年轻情侣日常穿着的服装搭配，受众人群年龄倾向于二十几至三十岁的年轻情侣。整体搭配选用清爽的蓝色为主色，该色会展现男女双方不同的风采。男士穿着会凸显沉稳内敛的外在形象，而女士穿着会展现出调皮可爱的视觉印象。

两款服装整体造型搭配适于学院风格，宽松的版型设计使得穿着者更为放松。学院气息十足，正是当代大学生独有的穿衣风格，极具艺术感染力。

男女同搭配不同白色的运动板鞋，以及天青色水洗牛仔背包，从细节中即可看出穿着受众人群倾向年轻化，和以往不同，现代大学生的穿着方式变得更为简约轻松。

RGB=55,71,98 RGB=112,87,38 RGB=124,137,143

同类配饰元素

该方案适合年轻情侣日常休闲穿着的服装搭配，整体选用蓝黑、白、灰菊色为主色组建成的整体搭配色彩，充分展现出男女双方时尚大方、阳光开朗的性格特征。

服装整体造型更倾向于休闲风格，男生采用蓝黑色的牛仔外套搭配白色衬衫以及灰菊色九分休闲裤，简约不简单的搭配方案充分展现出男生的时尚又不乏新意。女生采用灰菊色的背带短裙搭配白色衬衫以及灰色打底裤，整体搭配英伦范儿十足，简约时尚，适合身材姣好的女生穿着。

情侣装搭配不同色调的针织帽以及马丁鞋，非常有动感，前卫的搭配设计，独具风格。

RGB=55,71,98　RGB=112,87,38　RGB=124,137,143

同类配饰元素

RGB=55,71,98　RGB=112,87,38　RGB=124,137,143

同类配饰元素

该方案适合年轻情侣日常穿着的服装搭配，该情侣装选用黑、白、灰三色组建整体搭配色彩，整体色彩搭配会凸显男生的潇洒帅气，凸显女生的率直脱俗。

服装整体造型更倾向于休闲风格，男生采用黑色的皮革材质的机车外套搭配白色衬衫以及灰色九分休闲裤，简约不简单的搭配方案充分展现出男士的帅气拉风效果。女生采用黑色圆领外套搭配带有横纹设计的灰色系连衣裙以及黑色打底裤，展现出女性娇俏的同时又增添了一丝率性活泼。

情侣装搭配不同款式的眼镜以及马丁鞋，非常时尚，展现出动感活力的青春范儿。

4.12　明星潮流范——秀出你的时尚街拍

　　明星的流行装扮以及搭配方式一直是时尚潮流的风向标。越来越多的人开始追随他们的脚步和着装风格，所以明星就成为了时尚的引领者与先锋，一些被他们穿在身上的服饰，都会被争相模仿。明星通常会选择一些充满个性、独特设计与时尚元素的完美拼接的服饰搭配，从而彰显出个性不羁却又低调的时尚气息。

特点

　　❶ 潮流、个性，注重时尚感。
　　❷ 深色系的色彩搭配较多，因人而定，不能千篇一律。
　　❸ 整体服饰具有和谐统一的视觉效果。
　　❹ 在不同场合选择不同的穿衣搭配，尽显时尚与个性。

　　这是一套适合于女性出席活动时穿着的服装搭配方案。受众人群年龄倾向于二十几至三十几岁的年轻女性。该长袖连衣裙采用光泽感较强的银色为主色，在具有科技感的同时又为沉闷的秋冬增添一抹亮色，成为显眼的存在。

　　连衣裙采用高领的设计修饰脖颈的线条，蝴蝶结设计，有减龄的效果，这样的设计在整个连衣裙中成为画龙点睛的一笔。加上收腰，尽显女性的纤瘦身材。

　　搭配一双鲜红色高跟鞋为单调的银色增添一丝动感，更显优雅气质，整体服饰搭配尽显女性魅力。

 RGB=235,235,235　RGB=218,36,35　RGB=45,43,57

同类配饰元素

这是一套适合于女性出席活动时穿着的服装搭配方案。受众人群年龄倾向于二十至三十岁的年轻女性。整体套装选用浅玫瑰粉和黑色组建整体搭配色彩，展现出超仙的柔美性感气质。

上身采用了吊带一字肩设计，一抹柔和的浅玫瑰粉色，颜色非常嫩，适合肤色较白的女性穿着。在经典款吊带裙的基础上增添了泡泡袖，更有女人味。下身包臀设计勾勒出纤细的腰身，凸显女性性感的曲线，而裙摆处的荷叶摆设计自然优美，打造出一种温柔婉约的视觉感。

帅气的罗马鞋与同色系的长裙组合感十足。裙摆与罗马鞋之间裸露的一段小腿很好地过渡了舒适面料与硬朗鞋质之间的对比，更彰显你的优雅气质。

■ RGB=237,221,232　RGB=17,17,19

同类配饰元素

□ ■ RGB=209,193,165　RGB=17,17,19

同类配饰元素

这是一套适合于女性出席活动时穿着的服装搭配方案，受众人群年龄倾向于二十至三十岁的年轻女性。整体套装选用黑、米两色组建整体搭配色彩，充分展现穿着者精明干练的气质。

套装上身的图案采用对称的刺绣样式，腰部线条设计成弧形，使穿着者尽显纤细腰身。上身长袖的设计能够很好地拉长手臂线条。袖口处的系带设计，英伦范中带有一丝可爱。下身百褶的设计元素网纱半身裙，如蝉翼剔透的柔软网纱面料，带来的灵动飘逸的感觉，整款套装甜美又个性，在时尚干练中又不失优雅与高贵。

搭配一双黑色细跟高跟鞋以及其他配饰，一身黑色装扮，给人一种神秘、高贵的外在形象。

连衣裙
蔻依 Chloé

Chloé 连衣裙在服装上以图腾为主的设计，宛如从沙堆里找到的护身符，吸引着人们的目光。宽松的长袖设计，适合手臂较粗的女生穿着。

下身以鱼尾的形象设计而成，恰到好处的裁剪，使纤纤玉腰和完美的胯部形成鲜明对比，充分显现出性感的美腿，也因此受到众多爱美女生的热爱。

1952 年，Gaby Aghion 和 Jacques Lenoir 创立了 Chloé（蔻依）。Chloé 强调女性曲线，柔和浪漫以及简洁美观、可穿性强的现代成衣理念，是巴黎高级成衣界的变色龙。它一直追求摩登与经典融合，探索随性与简约风格，从而尽情演绎法式浪漫风范。如今，Chloé 创立者摒弃了 50 年代流行的拘谨呆板样式，率先以精细的布料缝制出柔软而尽显女性线条美的"高档成衣"。

"我想要继续探寻她们的路径，忠于 Gaby Aghion 独立而散发智慧的精神；忠于那些永葆这一民主化风格、坚决地展现女性精神、时刻充满愉悦的人；忠于那些跳脱界限、无视等级存在的人。"

——Natacha Ramsay-Levi Chloé 创意总监

第 5 章

三大基本
服装类型

服装是对于服装服饰的统称，常见的类型包括上衣、裙子、裤子等。每个类型都不是独立存在的，一套适合的服装搭配一方面离不开上装和下装，另一方面也离不开各种小物件的装饰与搭配。

服装原本只是用来起到遮挡和保暖的工具，经过漫长的发展和时代的变迁，服装早已成为个人品位、性格特征、社会地位的象征，有着不可撼动的地位。

服装的三大基本类型是上衣、裙子、裤子。

但在服装搭配中要结合穿着者的性格、体型气质等特征来进行合理搭配，一套好的服装搭配可以彰显你与众不同的穿搭品位。

5.1 上衣

众所周知，时尚靠得是搭配，再前卫的单品，没有与之相呼应的另一件单品在旁做衬，都会显得不伦不类。下装尤其如此，无论如何也脱离不了上衣的扶持。上衣可大概分为外套、衬衫、卫衣、T恤和针织衫等。

5.1.1　外套

牛仔外套 + 裙子 / 紧身裤，百变穿搭不单调

　　牛仔外套具有日常百搭性，无论是与裙子搭配还是和裤子搭配，都能展现不一样的美。

　　而且牛仔外套具有遮肉显瘦的效果，给人一种干净清爽且学院风十足的感觉。

长款外套，显瘦优雅美搭

　　和短外套一样具有调节身材比例作用的长外套，在天气渐凉的季节里具有很高的实用性。

　　长外套可以遮挡不完美的身材。例如，长款西装、风衣、毛衣等长外套在搭配上一方面就有保暖的作用；另一方面又不失时尚，可以说是百搭中的百搭。

皮夹克外套，展现百变风格

　　皮夹克是展现个性的利器，既挡风又时尚。在秋冬季节买一件舒适漂亮的皮夹克，就相当于有了一件适合不同场合的时尚宝贝。

　　无论是与裤子搭配，还是与裙子搭配，都能相得益彰。而且搭配不同的单品就有不同的效果。

5.1.2 衬衫

通勤衬衫，依旧可以很时尚

通勤风格的衬衫是指能够同时穿着在工作、学习、休闲或者娱乐等场合的服装，款式简洁大方，时尚不张扬，但并不局限于某种特定场合的服装。

通勤风格的衬衫常搭配精致小外套、优雅连衣裙及小西裤等各类单品，与不同的单品相搭会呈现出不同的效果。

清新衬衫，一道美丽的风景线

小清新的衬衫是女生春季最爱的款式，搭配裤子或裙子都超有活力，就像是在时光里自由地行走，周身散发出青春阳光的气息。

清新风格的衬衫具有极高的穿搭包容度，无论是单穿还是用来搭配裤子或裙子，都是方便又时尚靓丽的单品。

复古衬衫来袭，编织青春时光

在时尚界，复古风格的衬衫一直炽热，无论何时何地、何种款式的衣服都会有复古风格的衬衫单品的出现。

在穿搭中加点复古的感觉，可以让整体的搭配看起来更有神韵及独特的韵味。

5.1.3　卫衣

连帽卫衣，休闲又舒适

连帽卫衣以风靡大街小巷的潮流单品的姿态进入人们的视线。

它不再是非主流的代表，而是成为了人们日常穿搭的必备单品，通过与不同单品的搭配展现不一样的风采。

圆领卫衣，时尚减龄必备

圆领卫衣在兼顾时尚性的同时还具有功能性，融合了舒适与时尚，成为年轻人街头运动的首选。而且圆领卫衣具有减龄的穿衣效果。

圆领卫衣在搭配上很简单，无论是与运动裤、牛仔裤还是裙子都可以搭出轻松的时尚感。

V 领卫衣，修饰身材比例

V 领卫衣，无论是学生还是白领，都是很日常的搭配，而且 V 领卫衣也是容易搭配的款式。

可以修饰脸型，不仅适合方形脸、圆形脸穿着；同样也适合头部偏小或者脖子短的人们，因为可以拉长身体比例。

5.1.4 T恤衫

有袖式 T 恤衫

有袖式 T 恤衫是夏季服装最活跃的品类，从家常服到流行装，T 恤衫都可以自由自在地进行搭配，无论是搭配裙子还是裤子都能穿出流行的款式和不同的情调。

有袖式 T 恤衫常见搭配方式有 T 恤衫 + 皮裤，彰显我行我素的率性；T 恤衫 + 休闲裤，具有轻松、简洁、无拘无束的特点；不同的搭配会给人不一样的感觉。

背心式 T 恤衫

背心式 T 恤衫是夏季服装中最炙手可热的单品之一，款式简单，百搭性极强。可以单独外穿也可以作为内搭。

背心式 T 恤衫常见搭配方式有 T 恤衫 + 阔腿裤，上窄下宽的穿衣搭配适合腿粗的女生穿着；T 恤衫 + 半身裙，适合大腿粗的女生穿着；T 恤衫 + 超短裙，适合身材姣好的女生穿着。

露腹式 T 恤衫

露腹式 T 恤衫也是性感女生衣橱必备单品，在炎炎的夏日里尽情地彰显自己的好身材。

通常敢于穿露腹式 T 恤衫的女生也是有好身材的女生，所以这种款式的 T 恤也成为很多女生夏季凸显好身材的一大利器。

5.1.5 针织衫

想要温暖又时尚？你还差一件高领针织衫

初春和初秋正是一个尴尬的季节，不能肆意穿着背心短裤，也不适宜穿着厚重的外套走在街上，这时可以穿宽松而又保暖的高领针织衫，既能凹造型又有保暖的功能，一举两得。

无论是和牛仔裤搭配还是和阔腿裤搭配都可以调节身材比例，也不会让身材变得厚重，完美修饰线条，带来优雅的同时充满时尚的气息。

针织开衫穿不腻，倍显迷人气质

秋日来临，一款针织开衫可是御寒又时尚的必备单品之一。

宽松的针织衫既不闷热，又能够适当保暖，还能和裤子或者裙子产生完美的结合。

针织开衫材质垂坠，版型宽松，是遮住水桶腰和小肚腩的最佳选择。

一字领针织衫，秀出迷人锁骨

一字领毛衣可以让你的脖子看起来更长，露出锁骨，展现性感的一面，从而凸显气质，个子也会显高。

通常宽松版的一字领针织衫适合手臂肉较多的女生穿，可以遮住手臂拜拜肉，而修身版一字领针织衫适合上身较瘦的女生穿着，将姣好的身材展现得淋漓尽致。

风 衣

巴宝莉 Burberry

这件风衣采用肯辛顿版型设计，加上 Burberry 标志性风衣的剪裁风格，从而制作了这件率性的风衣。

采用双扣环腰带设计以及扣袢袖口和 D 形环束带、格纹领底等这些经典元素的设计，致敬品牌标志性 Trench 风衣。

选用华达呢精纺面料，不仅暖和，且在身体主要部位又多一层防水面料。

饰有红白蓝条纹设计，学院风十足。

巴宝莉（Burberry）是英国国宝级品牌，由托马斯·巴宝莉（Thomas Burberry）于 1856 年创立。1880 年，巴宝莉公司发明了华达呢，此后它开始有了自己的核心产品。华达呢是一种由编制前经过防水处理的纱线做成的耐磨且透气的布料。也正因此，

华达呢成为雨衣的完美面料。Burberry 以经典的格子图案和米黄色、独特的布料功能和大方优雅的剪裁，成为英国传统的代名词，同时也成为英军的征衣和英国皇室的御用品牌。

历经百年后现在 Burberry 再度成为最抢手的热门时尚品牌，受到了各个年龄阶层消费者的青睐。莎朗·斯通、麦当娜、辣妹维多利亚等时尚界名流也开始热衷 Burberry。

"巴宝莉有它自己的 DNA。我将此形容为凌乱的典雅，这种略带瑕疵的精致工艺。这与我个人的时尚观念很接近。这也可能就是它为什么与众不同。"

——克里斯托弗·贝利
巴宝莉首席执行官

5.2 裙子

裙子是许多爱美女生的挚爱单品，而且裙装一方面能够能衬托出女生浪漫、甜美的气质，另一方面也能展现女性凹凸有致的身材，就算是寒冷的秋冬季，裙子也会占据女生衣橱的一席之地。

5.2.1 连衣裙

优雅吊带连衣裙，性感清凉看得见

炎热夏季里，最清凉舒适的夏日着装莫过于吊带连衣裙。它不仅带来丝丝清凉，还能附带小女人的性感，或优雅或浪漫或小清新地展现女性的风情。

无论是逛街、度假还是约会，不同的场合不同的穿着会有不一样的效果。

性感出行，抹胸连衣裙为你增添魅力

在夏季为了打造更清凉的打扮，女生们都会选择性感迷人的抹胸连衣裙。

无论是在出席宴会还是休闲度假，女生们都喜欢穿上优雅的抹胸裙子来展现女性的性感与魅力。

抹胸连衣裙可以展现穿着者细长的脖子、迷人的锁骨、完美的肩部线条，让穿着者成为众人的焦点。

背心连衣裙，打造女神气质

夏秋季节交替的时候天气变化无常，可以选择穿舒适且伸展自如的背心连衣裙，同时再搭配一件小外套既能对付清晨的寒风又能展现时尚，不失风雅。

而闷热的中午，也可以把小外套脱下，背心连衣裙的厚度既能保温又不受凉，还能打造各种不同的混搭造型。

5.2.2　长裙

乱花渐欲迷人眼，纯色长裙也足够美

一件纯色的半身长裙虽不娇艳，但简单纯净，既能遮挡下身的缺陷，又能展现属于女人的另一种美好姿态。

纯色半身长裙在夏天是最常见也是最容易出街搭配的服饰，所以很多女生在夏天的时候经常会选择它们出行。

醒目的条纹长裙，打造街头个性达人

条纹长裙无疑是每个女生衣橱里都会出现的单品。它简单而个性鲜明。

无论是逛街还是度假，当你面对众多衣饰而手足无措时，一条简单的条纹半身长裙就是一个很好的选择。

无论是简约的黑白，还是充满活力的彩色，从宽到窄，总能搭出不一样的条纹装风采，展现不一样的风格和魅力。

飘逸又亮眼，夏日印花长裙穿不够

飘逸的印花长裙一直是女生夏日穿着的必备单品，一件简单的长裙，印上印花图案，使长裙变得别致独特。

不管是日常上班、出门逛街，还是海滩度假，印花长裙都是提升气质的利器。

通常穿着印花半身长裙时，上衣最好选单色调服饰。这样可以达到收缩上身而扩大下身的视错效果，会显得体型优美性感。

5.2.3　A 字裙

夏日＋牛仔 A 字裙，元气少女的减龄潮品

　　夏天出行穿着一条牛仔 A 字裙永远是潮流的标志，一排扣的设计会显得更加随性自由，而且牛仔 A 字裙因显腿长又百搭的时尚个性被年轻女性所青睐。

　　散发出一种简约率性的视觉效果，彰显青春气质，十分减龄。牛仔蓝的色系，干净却带点复古的腔调，透着简约时尚感。随便什么上衣都可以轻松驾驭。

精致皮革 A 字裙，穿出你的好身材

　　皮革 A 字裙给人一种时尚中夹杂着一丝甜美的视觉效果。

　　其笔挺的版型，衬托出双腿的纤细修长。采用高腰设计遮肚腩，从视觉上提高了腰线，美化了身材比例，而且还显高。

　　无论是搭配同材质的皮衣外套还是搭配针织衫，都能展现出不同的个性与独特，街头感十足。

鹿皮绒 A 字裙，花样的日常穿搭

　　要想在出行逛街时更时尚，可以选择鹿皮绒 A 字裙，鹿皮绒材质的 A 字裙具有百搭、显瘦的效果。

　　高腰的个性短款设计，在修饰腿部线条的同时，还可以遮住腰部赘肉，凸显纤细的腰围线条。

5.2.4 鱼尾裙

长款鱼尾裙，塑造曲线感

长款鱼尾裙巧妙地刻画出女性独有的S曲线，裙摆犹如美人鱼婀娜多姿，让身形也变得更加凹凸有致。

无论是丝绸质感还是蕾丝质感，都可将女性独一无二的魅力表现得淋漓尽致。

长裙摆不方便日常出行穿着，适合在出席晚会时穿着。

中长款鱼尾裙，展现迷人身段

中长款的鱼尾裙以独特的设计能够完美地修饰下半身线条，雅致而不拘谨，同样很好地诠释了女人的优雅和浪漫。

搭配细高跟鞋尽显美腿，能够营造出女人独有的玲珑曲线，让穿着者展现婀娜多姿的身段，在妩媚迷人中不乏女人的高贵与优雅。

短款鱼尾裙，凸显性感美腿

短款鱼尾裙是女人性感和优雅的代名词。

恰到好处的裁剪，使纤纤玉腰和完美的胯部形成鲜明对比，充分显现出性感的美腿，也因此受到众多爱美女生的热爱。

高贵端庄的短款鱼尾与T恤或卫衣相搭配，让女性在休闲与性感中随意切换。

5.2.5　百褶裙

长款百褶裙，穿出新式复古高雅

　　飘逸的长款百褶裙完美地演绎了复古的学院风，竖条褶纹设计的百褶裙，极具下垂感，起到拉长身形的效果，整体显高还显瘦。

　　无论是搭配背心还是运动上衣，都能够在浓浓的复古风情里增添些许摩登时尚感。

中长款百褶裙，不只是飘逸

　　在少女和成熟的交叉点，中长款百褶裙实现造型双赢。

　　米色、粉色的百褶裙洋溢着少女的气息；彩色拼色或是皮质百褶裙能够展现成熟的性格。

　　中长款的百褶裙适合大腿较粗的女生穿着，可以起到遮挡大腿赘肉的效果。

短款百褶裙，演绎优雅俏皮范

　　优雅的短款百褶裙是夏天的气质单品之一。

　　短款百褶裙展现清新的同时带着些许学院风，尽显优雅俏皮感。

复古连衣裙

普拉达 Prada

这款复古连衣裙用了仿金属的灰白渐变面料，灵感来自日本武士的着装和武器。

一簇风格化的雏菊套印在左肩和右胯以及裙边上，加上胸前的折纸效果的白色花朵图案，整体服装色彩鲜明。

渐变的数字印花与喷漆式效果相映成趣，橙红色的花朵半开在白色光环里。

刀刃形的裙边、沿着胸线的缝合线还有半截的缩口袖边，三者像金属压痕，让高腰裙看起来仿佛被切割了。

普拉达（Prada）是意大利奢侈品牌，由玛丽奥·普拉达于 1913 年在意大利米兰创建。1978 年 Miuccia（马里奥·普拉达的孙女）与其夫婿 Patrizio Bertelli 共同接管 Prada。Miuccia 担任 Prada 总设计师，其独特天赋在于对新创意的不懈追求，融合了对知识的好奇心和文化兴趣，从而开辟了先驱之路。她不仅能够预测时尚趋势，更能够引领时尚潮流。通过她天赋的时尚才华不断地演绎着挑战与创新的传奇，而 Patrizio·Bertelli——一位充满创造力的企业家，不仅建立了全世界范围的产品分销渠道以及批量生产系统同时还巧妙地将 Prada 传统的品牌理念和现代化的先进技术进行了完美结合。两人共同带领 Prada 迈向全新的里程碑。

"梦被禁止了，复古被禁止了，太甜美也不是好事，那些我们曾经感受过的，现在都无法享受。而普拉达的设计就是在表达不可能实现的梦想。"

——缪西娅·普拉达

5.3 裤子

裤子作为服装搭配的下装，是很重要的一个单品系列。而且不同风格的服饰也会有不同风格的裤子来搭配。通常女生的衣橱中都会拥有不少时尚的裤子，例如，牛仔裤、阔腿裤、哈伦裤、热裤等，有经典款的、有当季流行的，不管是什么样的裤子总是有喜爱或者适合它的人。

5.3.1　牛仔裤

牛仔短裤

　　牛仔短裤是短裤中最基础的单品，是夏日衣橱中绝对不能少的百搭时尚潮品。

　　牛仔材质本身就具有百搭性，因此可以和任何风格的上衣进行混搭，能够展现出自身的个人魅力。

低腰牛仔裤

　　牛仔裤作为永恒的时尚单品，其演变出的不同种类裤型也一样能受到热捧，低腰牛仔裤就是其中之一。

　　低腰牛仔裤不但能让女生们展现出青春活力，更是秀出性感的腰部。

　　低腰牛仔裤适合腰部纤细的女生穿着，可以展露小蛮腰。不适合腰粗的女生穿着，会暴露缺点。

破洞牛仔裤

　　每个人的衣橱里都会有一条破洞牛仔裤，无论是紧身款、还是宽松款。

　　破洞牛仔裤具有百搭又时尚的魅力，它的放荡不羁的特质也造就了它在时尚圈的"地位"。

　　与任何服饰搭配，都能释放着不同风格的火花。

5.3.2 阔腿裤

牛仔阔腿裤

　　牛仔阔腿裤绝对是身材不完美的女生们的救星，可以修饰不完美腿型。

　　宽阔的裤腿简洁大气，可以收腹显瘦，还可以拉长视觉效果。

　　百搭各种上衣，充分展现时尚慵懒又充满休闲味。若是搭配短款上衣，能够营造上短下长的视觉效果，从而打造良好的身材比例。

印花款阔腿裤

　　充满度假风情的印花加上宽松大气的版型，使得印花阔腿裤成为出行度假穿搭的首选。

　　随意地搭配短袖T恤上衣就能穿出满满的清凉感。而选择短款上衣会拉伸身材比例，更显高。

　　撞色印花相得益彰，超甜美而不腻；中性而不失优雅。

毛呢阔腿裤

　　保暖的毛呢材质阔腿裤是秋冬季必不可少的单品。

　　八分长度加上收身版型的毛呢阔腿裤，更适合小个子，露出脚踝时髦又好看。

　　冬季搭配一双靴袜，保暖的同时又增添时尚度。

5.3.3　哈伦裤

皮革哈伦裤

　　皮革哈伦裤主要是小腿部位尺寸比较窄，但臀部或大腿部还是保持着原有的宽松和舒适。

　　这种形态的裤子不仅可以拉长小腿，还可以有效地掩盖臀部或者大腿处的缺点。

　　令你的双腿更加出挑，更加夺人眼球，适合腿部线条不完美的女生穿着。

印花哈伦裤

　　印花哈伦裤以自身特有的松垮感和随意休闲的味道受到人们的喜爱，而且还能很好地掩盖身材上的缺陷。

　　低裆设计加上纷繁复杂的印花变得潮味十足，搭配一款简单的 T 恤和高跟鞋足以让你变成街头的时尚达人。

格子哈伦裤

　　格子哈伦裤是最佳的修饰腿型的单品之一，简单的格子元素，既能打造小清新又能玩转文艺风。

　　格子哈伦裤最好搭配一件纯色的上衣，让整个搭配在凌乱中增添一丝安静，不至于让人眼花缭乱。

　　例如，搭配纯色的毛衣或者皮衣都能展现出十足的英伦范。

5.3.4 短裤

七分裤

七分裤在夏季极受欢迎，适中的长度，刚好露出纤细的小腿，既能衬托人优雅的气质，又不失舒适感。

如果搭配一双高跟鞋，就能够将女生时尚气息完美地呈现出来。

因为七分裤是典型的休闲装束，所以在任何场合的搭配都是一种非正式的感觉。

五分裤

五分裤，这个长度比较容易出彩，属于安全裤的范畴。适合大腿较粗的人穿着，在修饰长腿的同时，又能遮住赘肉，展现腿部线条。

在选择五分裤时要注意，直筒裤型的五分裤，适合身高较高的人穿着；裤脚相对收窄的款式，适合矮个子穿着，有显高效果。

热裤

炎热的夏天最宜穿热裤，不仅清凉性感，还能够修饰腿部线条，拉长双腿，有很好的显高显瘦作用，又十分百搭。

热裤是服装领域里面的百搭品，随便什么上衣都可以和它完美地搭配起来。

5.3.5 小脚裤

牛仔小脚裤

　　牛仔小脚裤的设计采用经典直筒中腰裤型，拉长腿型，让腿部线条更加修长。

　　小脚裤也正是青春的另一种演绎方式，个性时尚，自然随性。

　　深色的牛仔小脚裤加上小西装或者衬衫都很完美，再搭配一双高跟鞋更能使整体显得修长。

打底小脚裤

　　打底小脚裤采用修身小脚裤型设计而成。每个女生的衣橱中都会有这样的裤子，它的搭配率非常高。

　　打底小脚裤搭配一双休闲鞋或者高跟鞋，都能很好地拉伸腿部曲线，达到显腿纤细修长的效果。

　　上身搭配一件休闲 T 恤或者大衣，不仅能遮盖较丰满的臀部，也能搭配出时尚、年轻、朝气的青春效果。

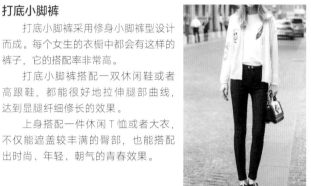

条纹小脚裤

　　经典百搭的条纹小脚裤，打破纯色小脚裤的单调，裤型简约好穿，不挑身材，且英伦范十足。

　　竖行条纹在视觉上更修身显瘦，宽松简约的款式，可休闲，可通勤。

　　最好搭配高跟鞋、帆布鞋、板鞋为佳，运动鞋慎选。其中高跟鞋具有显高的作用，更容易秀出腿型。

牛仔裤

李 Lee

Lee 的这款牛仔裤采用斜插口袋设计，美观实用且潮感十足。

裤脚花边设计，精选内衬 Smiley 印花，突出时尚个性，彰显高贵品质。

清水洗打磨的面料考究、做工精良，设计简约而不失大气。

Lee 是 1889 年亨利·大卫·李在堪萨斯创建的美国著名牛仔裤品牌，追求实用与时尚，创造了经典的吊带工人裤，生产了世界上第一条拉链牛仔裤，凭着其首创及经典设计，Lee 牛仔裤成为牛仔裤界的经典与权威，被誉为世界三大牛仔裤品牌之一。1946 年的 Lee101 经典款"Lazy S"后袋车线以及"抽动"式标签的设计取代了之前的设计。

时至今日，Lee 的悠久历史令它成为美国牛仔裤的一大主流。它的产品无论在传统还是前卫的角度上，仍保有一定的水准和价值，已成为既经典又时尚的牛仔裤的代号。

"我常说，我多希望是我发明了牛仔裤——这种最壮观、最实用、最舒适和不羁的服装。它们有态度：质朴、性感、简单。"

——伊夫·圣·洛朗

第 6 章

巧用服装配饰

　　配饰的种类繁多,通常除衣服、裤子和鞋子外,其他都称为配饰。服装配饰起源悠久,是服装搭配必不可少的细节部分。服装与饰品完美的结合,才算是完整的服装搭配造型。

　　而搭配是一门学问,它的难点就在于你要有天生彩的色敏感度,如果没有,你就要清楚了解各种色彩搭在一起的和谐感。当然配饰方面有时候也能起到至关重要的作用。

6.1 帽子

帽子，一种戴在头部的服饰，有遮阳、装饰、增温和防护等作用，与不同的衣服搭配在一起可以有不一样的效果。帽子的款式很多，例如，礼帽、棒球帽和线帽等。

6.1.1 个性的礼帽——行走的优雅

礼帽也叫毡帽，主要材质为羊毛毡，是较为正式的一种帽子。分冬夏两式，冬季常用黑色毛呢，夏季常用白色丝绸，而样式有圆顶、尖头等款式。

图中帽饰为驼色带有蝴蝶结装饰的毛毡礼帽。帽子上的蝴蝶结与头饰上的蝴蝶结交相辉映，整体颜色搭配具有十足的优雅名媛风。

这款帽饰为大沿礼帽。搭配火鹤红色的雪纺风衣以及黑白格的长衫，这种酷中带柔的时尚造型，能够展现出优雅时尚的气质。

这款帽饰为宽檐圆顶礼帽，搭配白色宽松连衣裙。帽饰与白色连衣裙上身的黑色领带相呼应，使得整体服饰搭配极具美感。

6.1.2 一顶贝雷帽——玩转秋冬时尚

贝雷帽是一种无檐软队式军帽，从材质上分有毛呢、针织、毛毡等。贝雷帽具有便于折叠、不怕挤压、容易携带等特点。

图中帽饰为黑色皮革材质的贝雷帽，该帽子能够展现出佩戴者的复古气质。

皮革面料的贝雷帽与圆领白衬衫形成差异，在黑白对比中展现出复古迷人的气息与高贵优雅的气质。

这款帽饰为圆顶贝雷帽，搭配瓷青色的连衣裙。整体搭配给人感觉很有活力，能够展现出穿着者淡雅的学院风。

这款帽饰为网纱贝雷帽，搭配白色吊带 T 恤与酒红色不规则短裙，整体搭配以红色调为主，在展现复古优雅气质的同时还带有几分神秘与性感的气息。

6.1.3 动感十足的棒球帽——让你的魅力加分

棒球帽通常设计简洁、利落，属于功能性帽子，具有遮阳、保暖、造型等作用，是充满青春活力的象征，能够给人轻松、自然的印象，适于各种 T 恤、衬衫、牛仔裤、背心裙或简单的棉质洋装。

图中帽饰为黑色平沿棒球帽，搭配白色衬衫，时尚加倍。

整体造型在街头风的可爱中透露出一丝帅气，非常活泼靓丽。

这款帽饰为黑色平沿棒球帽，搭配黑色外套以及白色内搭，在黑白的碰撞中展现率性、时尚的气场。

这款帽饰为粉色鸭舌棒球帽，搭配火鹤红色的卫衣以及牛仔短裤，可以充分展现出穿着者的青春活力。

6.1.4 个性的毛线帽——打造最时尚的造型

毛线帽是寒冬最流行的一种帽子，许多时尚达人都喜欢选择毛线帽子作为自己的出行搭配，既保暖又显得时髦。

图中帽饰为米色针织款毛线球帽，与蓝色外套和白色连衣裙搭配，整体造型给人以时尚的印象。

该帽饰属于厚毛线材质，非常保暖。在寒冷的冬季是一个不错的选择，让你在温暖中又不失时尚与美丽。

图中帽饰为黑色针织款翻边薄毛线球帽，帽顶蕾丝镶钻的耳朵设计，十分性感可爱。搭配肉色系的格子上衣和短款牛仔短裤，整体造型给人以清新甜美的视觉感。

图中帽饰为深红色针织款翻边厚毛线球帽，搭配千鸟格的毛呢连衣裙以及黑色毛衣，整体造型充分展现出复古英伦气息。

女士毡帽

汉诗缇 Hasuptam

这款毡帽很修饰脸型，不挑人，百搭又显瘦，是一款让人百看不厌的帽子。

上好的羊毛质地，厚实保暖。

红色帽身搭配简约的黑色布带修饰，让毡帽显得越发惹眼。

宽帽檐赋予了礼帽典雅外的另一种格调。

汉诗缇（Hasuptam）是法国原创帽子品牌。时尚在变幻，唯匠心不可辜负。Hasuptam 的品质在于对细节的每一点雕琢，创新在于对每一种材料的尝试，品位在于对每一道工艺的别出心裁。真实细腻的质感和纯粹简洁的线条，无不彰显出舒适、洒脱、淡泊以及轻微的奢华。看似不经意间的搭配隐约透现出时尚的创新，既摒弃了材质的乏味，也倾覆了配饰的玩世不羁。

"人有格，Hasuptam 亦有格。我们寻找的是植根于汉诗缇内心的精神，人们心灵深处的渴望。"

——品牌创始人 R·L

6.2 眼镜

眼镜有改善视力、保护眼睛和修饰脸型的用途。眼镜的种类包括近视镜、太阳镜、游泳镜等。

6.2.1 框架眼镜秀时尚

现在的框架眼镜虽然摇身一变成为时尚的神器，但是搭配不好也可能让你陷入"四眼妹"的尴尬境地。所以镜框与饰品颜色要协调搭配。例如，当你佩戴褐色或黄色框架眼镜时，可以佩戴黄金首饰；如果你戴银色、透明或冷色调的眼镜，则要选择银色或灰色饰品。

图中眼镜为红色矩形框架眼镜，与深红色的服装搭配非常吻合，给人以知识渊博有才华的外在形象。

图中眼镜为金色木质矩形框架眼镜，搭配深灰色卫衣以及浅灰色短裙，给整体搭配增加了一点颜色，在运动中不失气质。

图中眼镜为蓝色边框的圆形框架眼镜，与灰色的高领毛衣相搭配，可以展现出佩戴者有学识且时尚的外在形象。

6.2.2 瘦脸太阳镜——打造早春时尚气场

太阳镜也称遮阳镜，有遮阳的作用，通常在户外活动场所佩戴，特别是在夏天，需要采用遮阳镜来遮挡阳光，以减轻眼睛调节造成的疲劳或强光刺激造成的伤害。

图中的眼镜采用白框黑镜片设计而成，外形独特，让人过目不忘，黑白百搭，在时尚中透露着个性。

搭配深青色套装，整体造型诠释出穿着者的率性气息。

图中的眼镜采用金属圆形镂空花型设计而成，个性时尚的金属材质设计，玩味十足。精致的花边衔接镶嵌工艺，紧固眼镜结构，不易变形，凸显精致美观设计理念。

图中的墨绿色眼镜采用经典的飞行员框型，金属质感的眼镜支架，精湛出色而不失时尚。同时搭配同色系的服饰让整体在和谐统一中彰显潮流风尚，尽显个人魅力。

太阳镜

雷朋 Ray-Ban

雷朋太阳镜除了有良好的防护功能，设计者对其款式的设计更彰显粗犷英武的军人气质。

双梁设计，相较于普通眼镜造型更加饱满，有一种轻盈、简洁、时尚的质感，展现出大胆而现代的摩登味道。

经典的圆形镜片适合大多数脸型。这种典型的美式眼镜风格，精致大气，适合各种场合佩戴。

1930 年雷朋 Ray-Ban 眼镜由约翰 - 博斯和亨利 - 伦波在美国成立。Ray 的意思是光线，Ban 的意思是阻挡。其实长期以来，雷朋就是遮挡强光的太阳眼镜的代名词。雷朋太阳镜的诞生源于美国一位空军中尉的苦恼。1923 年，这位中尉驾驶小型飞机横渡大西洋时，深深感到强烈日光带来的困扰，回到基地后，甚至有恶心、头痛、目眩的不良反应。基于此，在 1930 年博士伦公司研制出了能吸收最多的日光，发散最少的热能，保持良好清晰视力的雷朋太阳镜。自此雷朋品牌正式面世。

"在过去的 75 年里，雷朋有许多故事，有些已经广为人知。因此，在选择的时候，我们从照片下手，看看哪些少人知晓。在挑选人物的时候，也希望能找到那些能代表时代的人。"

——萨拉·本尼文蒂
雷朋品牌总监

6.3 发饰

发饰指戴在头上的饰物，主要用来装饰头发以及头部。发饰有很多的种类和材质，与其他部位的首饰相比，装饰性更强。

6.3.1 巧用发箍打造抢镜发型

追求精致的女生都喜欢用一些小饰品来点缀自己，发箍更是生活中最常出现的，使用频率很高的发饰，即使是随便绑个马尾或者披着头发，搭配一个发箍整个人看起来也会精致许多。

古典异域的精致发箍，上方点缀着闪亮的蓝色珠子，这是时下潮女名媛们标新立异、美丽常鲜的造型标志。

配上随意的长发，公主形象呼之欲出，充分体现出波西米亚风格的优雅气息。

图中的发箍采用两条流苏渐层效果的设计，民族风十足，搭配一条沙滩裙，整体造型给人以唯美且仙气十足的视觉印象。

图中的发带采用条纹宽边交叉设计而成，搭配一款白色夹杂群青色边设计的运动款连衣裙，整体搭配和谐统一，给人以简约舒适的感觉。

6.3.2 巧用发梳搭配发型——甜美时尚两不误

发梳是发卡的一种，包括皇冠及其他类似的卡类，类似于梳子的薄梳型发饰。

图中的发梳采用镶满钻石的皇冠设计而成，发饰耀目生辉，发放出璀璨的幸福光芒，最能塑造高贵华丽的形象。

皇冠发饰佩衬新娘婚纱，瞬间让平凡的女孩变身高贵的公主，尽显高贵气质。

图中的发梳采用蕾丝材质的兔耳朵形象设计而成。搭配一款吊带镂空小礼服，在颜色的呼应中尽显性感与可爱。

图中的发梳采用粉色水晶钻材质的七齿 U 型夹设计而成。搭配一款抹胸镂空半身裙套装，在甜美之余，增添了些许迷人的性感魅力。

6.3.3 精美头绳束起发来——惊艳爆表

头绳是指用于束扎发髻或马尾辫的棉、毛等材质制成的绳子。有些长发的女生，会在自己的手上带着一款自己喜欢的头绳，方便随时束起长发。

图中的头绳采用布艺的蝴蝶结造型制作而成。

简单又多变的各种头绳可以和各式各样的服装搭配，以它独特的色彩和充满活力的装扮能给你的秀发加分，不会留下印痕。

戴在手腕上也是极佳的装饰物品。

图中的头绳采用白色树脂材质的雏菊水晶造型设计而成，搭配一款清新的牛仔套装，整体给人以清新脱俗的视觉感。

图中的头绳采用柔软的弹性混纺面料设计而成，搭配一身运动装，用轻松简单的方式搭配出属于自己的自在风格。

6.3.4 别出心裁的头饰点缀唯美发型

在日常生活中，整套头饰的设计有很多种款式，而不同款式的发饰打造出的气质也是不同的，如何挑选适合自己的头饰，就要根据出席的场合以及穿着的服装来进行选择与搭配。

图中的整套发饰由多个白色花朵组合而成，花朵中间镶嵌着白色珍珠作为花蕊。

花朵随意的插在盘着的头发上，搭配一个仙气十足的软纱蕾丝头纱，衬托出新娘的精致美丽与高贵典雅。

图中的整套发饰采用红色水钻材质的凤凰造型设计而成，搭配一款肉色为底镶嵌着红色亮片的 V 领小礼服，在颜色呼应中尽显穿着者的高贵与性感。

图中的整套发饰采用"叶子翅膀"作为形状，搭配编起来的盘发作为辅助，发型美丽大方。搭配一款以流苏和蓬蓬纱结合设计而成的连衣裙，无论是出席宴会还是派对，都会给人以名媛小香风的视觉印象。

6.4　首饰

首饰从一定程度上来说，是时尚个性的象征，也具有表现社会地位、显示财富及身份的意义。从材质方面而言，有黄金、珠宝、银饰、钻石等。从种类上有项链、耳环、戒指、手链等。

6.4.1　小巧耳饰神助攻——让搭配更胜一筹

时尚的服饰，精美的容妆，能让你焕然一新，但是一副别致素雅的耳饰，却能让你顿时眼前一亮，成为具有魔法力量的点缀精灵。

图中的耳环设计属于复古的巴洛克风格。以彩色宝石和黄金交相辉映，并用各种不对称的曲线来构成主体，在随意中透露出高贵，在摇曳中展现宝石的切割光芒和精巧的镶嵌技艺。

黑色低胸礼服配上巴洛克风格耳环，简约中增添一抹华贵的色彩。

佩戴这种风格的耳环请选择高发髻低胸衣，否则耳环易与发丝、领口发生冲突。

图中的耳坠是采用镀金黄铜材质制成珊瑚形状，耳坠两端饰有光滑圆润的人造珍珠，分别呈圆形与泪滴形。搭配同色系抹胸礼服，给人高贵性感的印象。

图中的耳线是用虎眼石及黄铜材质制作成流线型耳线。耳线以点、线、圆的融合，搭配红色蕾丝吊带连衣裙，尽显性感迷人气息。

6.4.2　"颈"上添花——项链也妖娆

项链的种类很多，大致种类有金属项链、珠宝项链和布质项链等。佩戴项链应和自己的年龄及体型协调。如脖子细长的女士搭配仿丝链，更显玲珑娇美。佩戴项链也应和服饰相呼应，搭配得当可以让项间多一道靓丽的风景线。

图中项链采用了独特的立体焊接工艺和款式设计而成。

晶莹剔透的钻石与白金是最完美和谐的搭配，搭配纯白色露背装，给单调的后背增添了立体感更显得精致优雅。

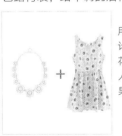

图中的金质项链采用向日葵花朵的造型设计而成。搭配一款满是花朵的短款连衣裙，给人以清凉夏日的视觉效果。

图中的项链是以白金材质为底镶嵌明亮的榄尖形切割钻石制作而成。而项链的挂坠为一颗椭圆形切割钻石，搭配一款吊带V领黑色礼服，亮眼的项链使得穿着者更为引人注目。

6.4.3　时尚手链的搭配法则

　　精致美观的手链，常被人们当做服装的点缀和配饰，搭配得当会给人以高贵、优雅的视觉感受。手链一般有金属、矿石和水晶等制品，以祈求平安和美观装饰为主要用途。

　　图中的手链是采用对称的花纹设计而成，整体与戒指融为一体。

　　手链的独特设计，给人以运动时尚感。

　　搭配整体服装显得高贵优雅又极具时尚气息。

图中的金质手链具有独特的色调，手链上镶嵌淡水珍珠，表面为金质镀层，十分精致。搭配一款带有花朵点缀的抹胸套装，整体造型给人以粉嫩公主的视觉感。

图中的手链采用镀金材质镶嵌着珍珠的龙虾扣造型设计而成。搭配一款壳黄红色亮面连衣裙，在颜色相呼应中给人以尊贵优雅的视觉效果。

6.4.4　精美的戒指——秀出指尖上的时尚

　　不同的戒指的戴法有着不同的意义，而戒指更多的意义则是相爱男女互赠爱情的承诺。无论是草戒、钻戒，其都是浪漫爱情的见证和山盟海誓的承诺。戒指除了象征浪漫的爱情，还有其他一些意义。

　　图中的戒指采用绿松石材质制作而成，设计比较前卫，别出心裁的花朵造型与穿着者上衣的花朵底纹相呼应，极具个性。

　　适合活泼好动的女孩，再搭配一款性感简约的服装，凸显穿着者美丽优雅的外在形象。

图中的戒指是以一颗水滴形切割橙色钻石为主，周围以钻石点缀。搭配一款极具设计感的V领连衣裙，无论是订婚宴会还是其他晚宴，都会成为众人的焦点。

图中的戒指为玫瑰金戒指，主石为一颗枕形切割摩根石，另一侧为钻石镶嵌而成的蜂鸟造型。搭配一款长袖蕾丝镂空连衣裙，整体搭配极具个性，上下颜色相呼应，在粉嫩中透露出一丝性感，在庄严中透露出高贵。

猎豹戒指
卡地亚 Cartier

纤细的腰身，精致的妆容，加上黑色长款紧身裙，将女人玲珑的身材彰显无遗。而手指上的 Panthere de Cartier 戒指则亮眼的烘托出贵气逼人的气质。

通体栩栩如生的美洲豹，释放着野性与优雅的气场，在动静结合中，呈现出无与伦比的精致感。

精细的做工，匠心的设计，加上豹子眼中夺目的威严，将女人的霸气之美完美呈现而来。

卡地亚（Cartier）是一家法国钟表及珠宝制造商，1847年由路易·弗朗索瓦·卡地亚在法国巴黎创办。1874年，其子阿弗莱·卡地亚继承其管理权，其孙子路易·卡地亚、皮尔·卡地亚与雅克·卡地亚将其发展成世界著名品牌。1914年，猎豹

首次跃入卡地亚珠宝世界，成为了品牌的象征之一。

在卡地亚的发展历程中，一直与各国的皇室贵族和社会名流保持着息息相关的联系和紧密的交往，并已成为全球时尚人士的奢华梦想。百年以来，卡地亚仍然以其非凡的创意和完美的工艺为人类创制出许多精美绝伦，无可比拟的旷世杰作。

"皇帝的珠宝商，珠宝商的皇帝"

——英国国王爱德华七世

6.5　包包

包包括钱包、手提包、背包、挎包等。不仅用于存放个人用品，也能凸显一个人的身份、喜好、性格等。一个经过精心选择的背包具有画龙点睛的作用，如何挑选适合自己的包包，就要根据出席的场合以及穿着的服装来进行选择与搭配。

6.5.1　双肩包的潮搭范儿

双肩包是包包的一种，是对背在双肩的背包的统称。根据双肩包不同的用途又分成双肩电脑背包、运动双肩包、时尚双肩包等。

图中的双肩包采用丝光缎面印花料制作而成，而红色的印花给安静的布料增添了跳跃与动感。

简约大方的时尚设计，配上五金磁扣，时尚简约与实用方便的结合，已经成为了都市 OL 的时尚新宠，适用于日常生活。

图中的双肩包采用小羊皮材质＋菱格车缝设计，双肩带为五金链设计，金属元素的融入，让小巧的包多了几分硬朗与帅气。搭配一长款衬衫，让你在随性中增添了一丝率真与自由。

图中的双肩包采用PU材质制作而成，包包的版型简洁大气，去除繁琐的设计，仅有一个精美的前部插扣装饰设计，起着画龙点睛的作用。搭配一红黑色调的格子长款外套，整体造型英伦范十足。

6.5.2　精致的手提包——轻松搭出名媛风范

手提包是美女们用来配搭衣服及外出的必备物品。不俗的品位个性，无论晚装还是休闲装，无论华丽还是简约，都可以展示出不凡的个性或高雅的品位。

图中的手提包以黑色为主色调，装饰有五金拉链，造型设计简洁与服装衣着搭配相称。整体给人以职业干练的都市白领形象。

图中的手提包采用方正的包身造型和双手柄的新颖设计。粉色的花朵刺绣栩栩如生，镀金的黄铜包扣设计独特。同时搭配青色镂空连衣裙将浓浓的复古味和摩登风格淋漓尽致的体现出来。

图中的手提包采用马卡龙的粉嫩色调制作而成。该手提包由 40 多块不同形状的淡粉、嫩绿、浅蓝、鹅黄色皮革完美拼接而成。粉嫩系包包会助你成为回头率最高的时尚达人。

6.5.3 轻巧斜挎包——点缀斑斓仲夏

不知何时开始，兴起了单肩斜挎包，大街小巷里潮人几乎人手一个，街拍明星也少不了单肩包和斜挎包。斜挎包有休闲、淑女、潮爆、OL 等风格，款式各异，搭配新潮。

图中的红色斜挎包采用桶形设计而成。

搭配香蕉黄色的连衣裙，以及腰间的蓝色外套，整体色彩搭配呈现鲜明对比。

整体造型在颜色的对比中极具跳跃性与动感，绝对是人群中的亮点。

图中的斜挎包以优雅的菱格设计加上璀璨的金色链条以及双 C 金扣开合制作而成，赋予了女人时尚优雅气质，而皮质也因菱格纹使之更富有立体美感。

图中这款斜挎包以小巧的尺寸和亮眼的"书包"造型，展现出时尚个性的气息。由柔软的小牛皮裁制而成，长度可调节的链式包带设计，便于肩背或斜挎，百搭性较强，适合日常生活穿搭。

6.5.4 换个钱包转财运

钱包相对于其他类型的包包来说较小，因此它也是用于点缀服装的绝佳品。钱包的款式、颜色、质感极其丰富，与不同的衣服搭配会产生不一样的效果。

图中西瓜红色的钱包采用按扣式拉链设计而成，搭配黑色的上衣，中和了黑色带给人的庄重和压抑感，与鹅黄色裙子交相呼应，体现出少女心十足。

整体造型活泼跳跃的同时又充满名媛风的靓丽俏皮感。

图中的长款对折钱包中别致的绑带圆环设计，简洁随性。在环形圆圈的装饰下，给人一种很纯粹的自然美，而且可以增加个人的时尚与品位。适合日常使用。

图中的短款钱包上细腻的小花刺绣，清新中带有别具一格的精致。俏皮的红色拉链设计为钱包增添几分活泼。搭配白色带有花朵的连衣裙，整体给人以清新唯美的外在形象。

6.6　鞋子

鞋子，以皮鞋、运动鞋、休闲鞋等款式较为常见。

6.6.1　活力指数 UP! 运动鞋也能穿出时尚范儿

一双完美运动鞋的关键是舒适，运动鞋是根据人们参加运动或旅游的特点设计制造的。运动鞋的鞋底和普通皮鞋、胶鞋不同，一般都是柔软而富有弹性的，能起一定的缓冲作用。

图中的运动鞋为浅灰色运动鞋，鞋子表面的红色 LOGO 在灰色鞋面的衬托下非常明显，给整体增添了一抹亮色和动感。

搭配一身休闲装，整体造型给人以青春活力的外在形象。整套服饰适合年轻的男性穿着。

图中的运动鞋以素雅的灰色为基础，在鞋面上方加以黄色为点缀，整体感觉十分清新。简约明快的风格，让你轻松驾驭日常休闲时光。适配多种穿搭需求。

图中的运动鞋 T 恤采用高帮的设计加上纯白色调，整体造型清爽干净，搭配一个横纹半截袖以及背带牛仔短裤。整体服饰造型活力满满，适合年轻女性日常穿着。

6.6.2　休闲鞋——日常穿搭的必备款

休闲鞋是日常穿搭的必备款，一双属于你的休闲鞋，让在都市忙碌着的你，走进舒适而自由的世界，释放正装体系之外的不拘风格，随意彰显自己的个性与时尚。

该休闲鞋的设计是将马丁靴样式与雨靴材质进行了完美地交融碰撞，形成了一种透明百搭的形式。

鞋子的颜色随袜子颜色随机变换，趣味十足。

图中的休闲鞋以趣味世界为灵感，在舒适简约的鞋型设计中注入鬼马精灵的俏眼睛元素，呈现趣味摩登的酷性街头感，同时搭配休闲舒适的条纹上衣和牛仔短裙，更显得灵动与俏皮。

鞋头上设计成带有蝴蝶结的装饰加上鞋的边缘设计成波浪形，以及鞋的侧面采用透明材质设计而成。整体鞋子造型能够展现出穿着者性感优雅的外在形象，而舒适低跟，减轻行走压力。

6.6.3 优雅的高跟鞋——展现足下风采

高跟鞋是女人的必备时尚元素之一，没有女人不爱高跟鞋。一款时尚的高跟鞋会让你从下到上散发自信和优雅。

图中的荧光绿色高跟鞋采用细跟、高防水台的设计。

搭配铁青色连衣裙，整体造型上下呼应，形成强烈对比，在安静中透露出动感与跳跃；清纯中带有一丝小性感。

图中的高跟鞋采用流行的撞色搭配，时尚小尖头设计加上独到的高跟设计，用优雅的线条，尽显女性之美，款式新颖百搭。

图中的鞋采用T字型设计而成的尖头高跟鞋，鞋的上方镶嵌着铆钉，凸显穿着者的时尚优雅气质，同时鞋的两侧透明的设计，可以拉长腿部效果，尽显高挑气质。

6.6.4 不用再露脚踝——靴子才是秋冬最正确的打开方式

靴子是女生穿衣搭配不可或缺的单品。因为靴子，女生不必再被厚重的裤子和款式单调的鞋子所束缚，不必因为身材不够修长而烦恼；如今各种款式的靴子也成为时尚舞台的主角。

图中的短款靴子采用反绒材质制作而成。

搭配一款做旧夹克、灰色T恤以及水洗牛仔短裤，整体造型个性十足。

整体搭配充满摇滚式的颓废，却又充斥着怀旧又低调的浪漫气质。

图中的短款马丁靴采用反绒材质制作而成，搭配同色系的粉色套装，颜色呼应下整体造型尽显淑女范儿。

图中的长款靴子采用牛皮材质制作而成，长至膝盖的长度适合身高较高的女生穿着，能够很好的修饰腿部线条，具有显瘦功能。

彩虹色的罗马式红底鞋

克里斯提·鲁布托 Christian Louboutin

这双彩虹色的罗马式 Christian Louboutin 鞋鞋面的七条彩带分别代表彩虹的七种颜色。

水滴形的收头处用黑色纽扣缝合，加上经典的红底设计以及超高超细的鞋跟，穿在脚上，可以瞬间提升穿者的气质。

克里斯提·鲁布托（Christian Louboutin），高跟鞋设计师。在 1992 创始同名品牌克里斯提·鲁布托。

红底鞋是 Christian Louboutin 的招牌标识。最开始克里斯提·鲁布托没想把鞋底抹成红色。可是每一次设计鞋子的时候，他都为 LOGO 伤脑筋。一次，他看到女助理往脚趾上涂指甲油，大红的色泽一下子刺激了他的灵感，于是他就将正红色涂在了鞋底上，没想到效果出奇得好，至此，细跟、红底就成为 Christian Louboutin 的标志。

"红鞋底就像是给鞋子涂上的口红，让人不自觉想去亲吻，再加上露出的脚趾，更是性感无比。"

——克里斯提·鲁布托

克里斯提·鲁布托美鞋欣赏

6.7 精致小物

所谓的精致小物就是在服装搭配时，能为服装以及穿着者的外在形象提升效果的物件。而要想在平凡的众人中脱颖而出，可以依靠服装与精致小物之间的巧妙搭配，从而彰显不凡的品位与优雅气质。

6.7.1 花样胸针锦上添花

胸针是一种别在衣服上的珠宝，也可认为是装饰性的别针。一般为金属质地，上嵌宝石、珐琅等，可以用作纯粹装饰或兼有固定衣服（如披风、围巾等）的功能。

图中的胸针采用花朵的造型设计而成。

花朵部分采用人工水晶镶嵌点缀，十分闪耀，花朵中间镶嵌一个珍珠拟作花蕊，璀璨闪耀吸引眼球。

图中的胸针采用帆船造型设计，寓意一帆风顺。船帆采用水晶镶嵌点缀，使胸针更闪耀。它的简约格调，使佩戴者更优雅时尚，采用竖直式的别针，佩戴更便捷舒适。

图中的胸针采用玫瑰花的造型设计而成，花朵部分为布料材质，柔软舒适，塑造的玫瑰花精美立体，凸显品质。玫瑰花搭配温润贝珠，衬托女性柔美气质。

6.7.2 假领子式套装——穿出时尚层次感

假领子也叫装饰领子，它不是一件真正的内衣服装，只是一件领子而已。假领子只保留了内衣上部的小半截，穿在外衣里面，以假乱真，露出的衣领部分完全与衬衣相同。在冬季，假领子不仅起到装饰颈部的作用，还能起到保暖的效果。

图中的假领子采用双层针织材质制作而成，领子上的拉链是真的拉链，可以拉动，帅气十足。

调节拉链把围巾堆在脖颈处当假领子用，这样子增加衣服的层叠效果，还可以把围脖拉起来做口罩，夸张的造型很容易成为整体造型的亮点。

图中的假领子采用蕾丝面料制作，以蕾丝印花以及翻领设计而成。搭配 V 领无袖套装，适当的遮挡胸前风光，隐约中透露出小性感。

图中的假领子上采用黑色和金色的珠子镶嵌领面，营造出浪漫感十足的名媛气息，搭配一款黑色圆领连衣裙，让平淡无奇的连衣裙变得出挑。

6.7.3 搭配助手之花样美搭毛衣链

毛衣链是秋冬季节不可或缺的饰品，同时也是秋冬季节能体现个人风格的服饰配件。无论与风衣、牛仔长裤还是短款夹克搭配，都能收获意想不到的点睛效果。

图中的毛衣链设计成彩云伴月的造型，极致璀璨。

首饰中间施华洛世奇水晶元素的设计加上周围镶嵌的钻石，以绚烂纯真的姿态透过水晶的通透和灵动折射出诗和远方的随意情怀，与此同时凸显佩戴着的高贵与优雅。

图中的毛衣链以闪亮的捷克钻为主，点缀优雅的复古图腾，让项链优雅迷人。挂钩也进行细腻的制作，为饰品增添精致气息，而蓝色的钻石为整体搭配增添了灵动与跳跃，让佩戴者更加知性优雅。

图中的毛衣链以精致简单的几何元素设计而成，加厚电镀的方式，让首饰质感更细腻。采用镜面镶满黑钻和银色珠子的设计，细腻光滑反射耀眼光芒。

6.7.4 精致的美甲可以提升指尖魅力

美甲是一种对指（趾）甲进行装饰美化的工作，美甲是根据客人的手形、甲形、肤质、服装的色彩和要求，对指（趾）甲进行消毒、清洁、护理、保养、修饰美化的过程。美甲是一个女人最直接改变风格的方式。

图中的美甲设计属于法式风格。是采用裸色甲油配合酒红色的甲油制作而成。

在指甲前尖端画好酒红色的法式指甲后，用刷子把边缘向上拉塑造出如微笑般的圆弧形。让简单的法式美甲增添一些夸张的元素，是极具新意的美甲造型。

图中的美甲属于镜面美甲。镜面美甲自带反光效果，这是今年非常流行且具有高级质感的美甲。采用绿色甲油搭配黑色甲油以及制作而成，用浓厚的颜色打造镜面风，为秋冬季增添一抹绿色生机。

图中的美甲采用鲜红色的纯色甲油制作而的简约美甲，搭配红唇及耳饰，构成简单明亮的抢眼造型，在红色的碰撞中绽放激情与性感。

6.8 围巾

围巾主要用于搭配服装、修饰脖颈，同时也成为人们必备的服装配件，各式新旧的围巾系法，使围巾变成最具变化性的饰品。

6.8.1 绚丽印花丝巾——为烂漫春日增添一抹色彩

一条丝巾的点缀，不仅起到锦上添花的效果，还能让一天的心情别样美好，春天是个色彩斑斓的季节，丝巾亦演绎出同样的绚丽。

图中的丝巾是以淡蓝色为底色融入橘色丝纹设计而成。

搭配一身明度较高的服装，整体效果在活力中略有嬉皮士之感。

图中的丝巾采用真丝材质制作而成。运用了非常自然的色调，搭配翩然的蝴蝶印花，组成了清新自然的森系味道，适合早春日常及出游时佩戴。

图中的丝巾是由蚕丝材质制作出的渐变花卉和几何元素组合而成。浓郁耀眼的图纹设计与性感的吊带性结合，渲染出火热情怀，凸显穿着者优雅迷人的气质。

6.8.2 抵御温差——优雅围巾飘逸又时尚

秋冬天气渐凉，一条围巾正好拿来兼顾保暖和凹造型的作用。

图中的围巾采用羊毛材质制作而成，质地细腻绵密，围裹起来给人以春日的温暖。

将围巾围上好几圈的做法，比较适合于搭配短款的休闲夹克或者运动风的服装。可以达到拉长身材比例的效果。

还可以显得脸瘦。特别是对于脸型比较长的男士，如果将长围巾垂挂在胸口会显得脸更长。

图中的围巾采用一片式紫貂材质制作而成，毛质丰盈，贴着脖颈包裹着手感亲肤柔软沉浸在天然的呵护中，美观又保暖，一侧插口随意之中带有时尚气质，在简单之中透露这大气与高贵。

图中的围巾采用红、白、蓝色的格子图案设计而成，不同于传统的皮草围巾给人的雍容华贵，这款围巾以手工钩织的简洁，给人以休闲、绅士的外在形象。适合成熟男性佩戴。

6.8.3　小领巾系出精致感

　　无论春夏秋冬，俏丽领巾是走向潮范儿不可或缺的元素，是服装配饰的不二之选。一款色彩靓丽、质量上乘的领巾能将装扮衬托的轻盈飘逸、神采飞扬。

　　图中的领巾采用丝绸面料制作而成，表面平整光洁，触感细腻柔和。

　　领巾上民俗印花的设计，充满了浓郁的民俗风情。

图中的领巾由带着异域风情的波普图案样式制作而成。时尚中多了道复古典雅气息。简单的在胸前围成个倒三角形，修饰脸蛋又丰满胸部线条。

图中的领巾由真丝面料设计而成，柔软垂顺清凉，鲜艳的色彩似乎比雨后的彩虹还要绚丽动人，适合搭配纯色系衣裙，纯净与靓丽结合，优雅与时尚兼具。属于春暖花开时的装扮，可以舒适清爽去春游。

6.8.4　长款丝巾——为平淡装扮增添浪漫色彩

　　随着复古风潮的流行，长款丝巾重新进入了大众视野，从单纯的颈间装饰转型成可以变换各种造型的时尚单品。

　　图中的丝巾以豹纹图样设计而成，性感强势。任何一款服饰搭配它都会变得个性十足。

　　加宽加长的雪纺丝巾，薄而轻柔即便围上好几圈也不会有臃肿感，给你丰富层次足够空间，使整个人气场十足。

图中的长款丝巾是以白色、卡其色波点设计而成，为轻薄的丝巾营造一层跳跃感。由颈部缠绕一圈，将丝巾胸前随意打一个结，就能够修饰出流畅的整体线条。

图中的丝巾采用渐变的灰色加上精致的蝴蝶刺绣制作而成。高级灰为秋季带来成熟气息。精致的蝴蝶刺绣虽没有了夏季的缤纷多彩，却带来了油画般的质感。能够展现出知性成熟的外在形象。

围巾的多种系法

复古气质蝴蝶结

　　用围巾打一个大蝴蝶结可以营造出复古的感觉，透过不同的缎面材质也能够创造出不同效果。

　　使用针织围巾或者硬毛围巾打出的蝴蝶结具有立体感，而使用丝巾或者细针织打出的蝴蝶结效果会有垂坠感。

层层堆叠更保暖

　　层层堆叠能够使围巾富有层次与时尚感，让这个冬天看起来更温暖一些。

　　这种系法不适合圆脸以及短脖的人，会显得臃肿和矮小。

穿上外套不如披上围巾

　　自从围巾披肩出现在某大牌的秀场上后，这股"披肩热"已经开始席卷全球了。

　　女生们纷纷用这种大披肩代替了外套。例如，图中的格纹图案的披肩加上短裤和长靴，轻松打造出优雅的性感风情，在厚重的冬日增加了色彩与跳动，别具一格。

6.9　手表

　　手表根据表盘的形状主要分为圆形表和方形表，手表的款式和质地种类繁多。手表是最能凸显个人气质和品位的饰品之一。

6.9.1　商务男表——提升男性魅力

商务手表是男人身份与品位的象征，同时也是男士配件中不能缺少的单品之一。所以男人选择戴什么样的手表，也代表了他的性格与时尚品位。

图中的手表采用别开生面的八边形腕表设计而成，以八个边实现优美平衡的纯粹形状，在个性中透露出成熟男性的稳重与性感。

整体由充满现代感的黑色款式来展现镂空超薄机芯的繁复精密，用独特的个性魅力让佩戴者与众非凡，尽显男性的绅士风度。

图中的手表采用了早年最热门的日历设计。超大表径，进一步突显设计感。强有力的高科技外观，纯黑表盘质地强韧的纯银底座上缀以亮红色时标，硬朗之余亦不乏时尚活力，用一抹红色中和了整体的肃穆与安静，增加了动感。

图中的手表由石英机芯制作而成，外型具有超强酷感，实属商务时尚实用表款。具有多项实用复杂功能，如日历显示、响闹功能、计时功能等。

6.9.2　优雅女表——演绎传统优雅

一款优雅的手表能够将时光凝于腕间的同时尽显女性芳华，而在不同的场合佩戴一款适合自己的手表同样能够彰显自己的优雅知性和高贵成熟。

图中的手表的表壳采用八边形设计而成，圆滑的边角，线条凌厉。

手工镶嵌的璀璨钻石加上盘面交错的星轨，仿佛一流星圆舞曲，优雅浪漫。

质感非凡的外观可以搭配衣橱里的所有时装。

图中的手表上方设计一朵精雕细琢的莲花，在灯光照射下散发出梦幻的光彩，将迷人的雅致展现的淋漓尽致。红金的表壳上镶嵌满钻石，令表盘更加璀璨夺目。

图中的手表采用酒桶形表盘设计，很精巧。复古罗马数字刻度以施华洛世奇仿水晶点缀，将层次感处理得非常细腻。尽管表盘小巧，但丝毫不影响功能齐全，三点位还特别镶嵌了日历显示。

6.9.3 陶瓷表——高调呈现腕间奢华

陶瓷表具有高硬度、不易磨损、永不褪色、不损肌肤的优点，是表业的新宠。它科技含量高，能体现新时代的科技时尚。

图中的陶瓷手表采用圆形的外框设计，造型小巧，流露出明朗自主的女性美。

手表以灿烂夺目的金色与白色相搭配，展现出佩戴者优雅格调与时尚华丽的风采。

图中的手表采用白色的陶瓷衬加上闪亮的水晶以及银色的指针，完美地呈现了佩戴者的高雅气质，同时搭配蓬蓬的公主裙在安静中增加了动感与活泼。

图中的手表的表盘采用四叶草形状设计而成，陶瓷加镀玫瑰金的表带，整体给人以温婉如玉，魅力优雅的视觉印象。

6.9.4 万千首饰不及它——这才是你想要的手链表

手链表不仅可以用来计时，更成为时尚界的搭配宠儿。随着各种新鲜潮流元素的涌现，手链表的款式也越来越多。而且手表不单单可以告诉你时间，还可以成为你的首饰。

图中的手表采用玫瑰金色的手链式设计而成。别致的保护盖镌刻品牌 LOGO 镶钻图案，翻开盖子可看到时间。

极具特色的表面装饰，让佩戴者散发着摩登优雅的现代气息。

图中的手表是香奈儿的 Premiere Rock 系列的腕表，最大的特点就是链条设计的表带。腕表的八角形轮廓与巴黎芳登广场的形状如出一辙。这一隽永恒久、堪称完美设计典范的建筑与腕表柔美妩媚的特质相互呼应。轮廓四周的镶钻，更凸显了高贵华丽气质。

图中的手表采用古铜色为主色设计而成，配有华丽雕刻的小吊饰，带在手上不容易让人发现这是手表，设计十分精巧且很有女人味，魅力十足。

商务男表
劳力士 Rolex

　　这款劳力士男表可以清楚显示两个时区的时间，成为民用航空黄金时代最著名的航空公司——泛美航空公司的官方腕表，是机师们广泛认可的必备时计。

　　其旋转外圈式上首次使用蓝、黑双色 CERACHROM 陶质字圈，具有极强的防刮损（蓝色代表白昼，黑色代表黑夜）。

　　劳力士（Rolex）是瑞士著名的手表制造商，由德国人汉斯·威斯多夫（Hans Wilsdof）与英国人戴维斯（Alfred Davis）于 1905 年在伦敦合伙经营。1908 年由汉斯·威斯多夫在瑞士的拉夏德芬（La Chaux-de-Fonds）注册更名为 Rolex。

　　劳力士（Rolex）是瑞士钟表业的经典品牌。劳力士表最初的标志为一只伸开五指的手掌，它表示该品牌的手表完全是靠手工精雕细琢的，后来才逐渐演变为皇冠的注册商标，以示其在手表领域中的霸主地位，展现着劳力士在制表业的帝王之气。

　　"劳力士的思考和行动方式必须时刻与众不同，这正是我们最大的优势。"

——汉斯·威尔斯多夫

劳力士创始人

劳力士其他款男表欣赏

6.10 腰带

一到冬天难免要裹得像个粽子，难以突出造型。此时此刻，一条适合你的腰带就显得尤为重要，不仅解决了冬日里的臃肿问题，还能为你增添不少时尚感，让你秒变时尚达人！

6.10.1 瘦腰法宝——见证腰封快速显瘦搭配

腰封是塑造女性曼妙身段的饰品，被女性封为具有魔力的时尚配饰。腰封能修饰女性的身材，点缀腰间，让你腰间散发光芒。同时腰封可以立刻美化你的腰线，让你展现女人特有的魅力。

图中的腰封采用金属色、白色进行拼接设计，亮丽的色彩吸引着人们的眼球。

黑色毛衣搭配波点半身裙，脚踩麂皮堆堆靴，金属色白色镶边宽腰带不仅让人们视线上移，更是为造型注入时尚感。

适合腰形不完美的女生装饰。

图中的腰封采用色彩娇艳的玫瑰粉为主色，清新粉嫩，极致柔美的温婉感觉令人一见难忘。一朵朵雅致小花在皮革表面上绽放，令人为之倾心。

图中的腰封采用双扣设计很酷很有个性，编织设计则带有复古风，这款皮带很适合与碎花长裙搭配。

6.10.2 用装饰性腰带打造高挑身材

腰带除了实用性以外，更多的是展示它的装饰性和调节性。一条富有新意的腰带可使已经过时或穿腻的裙子重获得新生。如果你觉得裙子和上衣的色彩不协调，只要选配一条在色彩上能承上启下的腰带，就能使你的整套服装和谐雅致。

图中的腰带采用头层牛皮材质制作而成，菱形铆钉形状的装饰设计，立体时尚、更显层次感。

简约合金扣设计线条流畅圆润、光泽莹润。整个款式率性而独特，轻松打造都市摩登感。

图中的腰带采用爆裂纹牛皮材质制作而成，带身采用印花设计，色彩鲜艳。牛皮与印花的结合，给人一种回归自然的感觉。精致的合金扣头，做工精巧别致，设计舒适简约。

图中的腰带采用头层牛皮材质制作而成，带身雕花设计，以及带扣的蛇形设计，整体给人一种自然、复古和随性的生活态度。

第 7 章

妆 容

妆容指人体通过某种装扮修饰形成的外在形态表现。从"妆"字和"容"字分开来可以理解为通过打扮装饰来凸显人体的神情、状态。化妆不仅仅是为了让面部看起来更美，而且也要注意妆容与发型、服装的搭配。

7.1　底妆

打造完美遮瑕底妆

底妆是一切美丽的基础，但在化妆过程中，做好妆前护理工作可以起到滋润皮肤的作用，是至关重要的一步。

人的皮肤或多或少都会有一些瑕疵，如痘印、色斑等，这些瑕疵需要以打粉底的方式进行遮盖，这样肤色才能均匀，妆面才能干净。打粉底除了能够使肤色协调之外，运用立体打底的方式还可以让妆容更加立体、精致。拥有一个完美的底妆，妆容就成功了一大半。

1. 自身肤质底子要好

上妆前要调整肤质与肤色，才能打造完美底妆，无论你颜值多高，多么会化妆，如果本身皮肤不好，也会被人看破。

❶妆前保养，上妆前做好保湿工作，在后期涂抹粉底时才会更加服帖。

❷妆前乳修饰，根据肌肤的不同状况，可选用适合自己的妆前乳。例如，肌肤蜡黄，可以用蓝色妆前乳增强透明感；肌肤敏感、有痘痘，泛红，可以用绿色妆前乳。

合理使用妆前乳修饰肌肤，后续只需要少量使用粉底也能大大提升底妆质感。

2. 底妆风格与自身肤质匹配

底妆的质感分为很多种，雾面感、光泽感等。利用不同质地的底妆产品，能够打造出不同效果的底妆。

❶光泽感的粉底大多数用"油"去打造水光效果，同时保湿、水润力较强，适合干性皮肤。

❷ 油性肤质比较容易出油，且浮粉严重，使用雾面效果的底妆，可以很好地控油，从而打造出水润肌肤，凸显好气色。

3. 色号选择

根据肤色选择合适的底妆色号，就能实现理想的自然感底妆。

亚洲女性一般都追求白的发光、白的发亮，但是不能一味任性地白，不然就出现了"面膜脸"。试色可在下颚和脖子的界线上，选择最接近自己的肤色、明度和暗度相适宜的粉底。在这个基础上，想要白一点就选择亮一号的，想要性感的小麦肤色，就选暗一号的，中规中矩的就选最合适的。

4. 有条理的上妆手法

选择好粉底后，接下来使用粉底刷将浓稠状的粉霜，以打圈的形式上妆，才能够让粉底均匀服帖在皮肤上。具体步骤如下。

❶ 将粉底液抹在手背上，然后用圆柱形粉底刷均匀蘸取。

❷ 用蘸取粉底液的刷子由内向外的涂抹脸部。

❸ 为了使额头的粉底均匀服帖，可以从眉心分别往两侧刷。

❹ 刷子从下巴沿着侧脸轮廓，往耳前提拉上妆。

❺ 全脸使用圆柱刷，以轻轻画圆的方式，加强肌肤光泽感。

5. 遮瑕＋定妆，打造无暇底妆

粉底打好后进行彻底的修饰瑕疵，然后定妆，才算真正完成了底妆。

❶ 用遮瑕笔涂抹瑕疵的肌肤，如眼周、斑点或痘痘等，再以手指均匀地涂抹开来，此时需要注意的是，遮瑕要与整体妆容相适应。

❷ 定妆，用散粉刷蘸取适量蜜粉，轻轻拍打在全脸或以画圆的方式让蜜粉在肌肤上做稳固持妆的效果。

❸ 使用没有蘸取过粉底的海绵，于全脸整体轻轻按压，如此就可以使粉底更均匀的分布，从而完成了自然无暇的底妆。

7.2　眼部化妆

巧遮黑眼圈的眼妆

电力十足的大眼是所有爱美女生的最爱，但有时会因为黑眼圈成了最大阻碍。所以，本节就为大家讲解如何利用遮瑕产品遮盖黑眼圈。

❶ 将遮瑕膏沿着眼框骨以"点"的方式涂上。

❷ 用无名指将遮瑕膏在黑眼圈及周围轻轻涂抹并拍打均匀。

❸ 在颧骨上使用黄色色调，眼睛下方使用橘色色调，再将两个色调均匀涂抹。

❹ 整理修饰并与当天妆容协调统一。

描绘出圆润的卧蚕

卧蚕，就是笑的时候下眼睫毛下方凸起的部分，由于看来好像一条蚕宝宝横卧在下睫毛的边缘，所以别名卧蚕。卧蚕眼很容易给别人亲近的感觉。

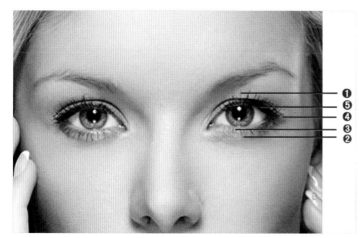

❶ 用浅咖啡色的眼影在眼窝处打底，制造阴影让接下来的眼妆更加服帖和自然。

❷ 用眼线刷蘸取浅棕色的眼影在下眼睑处画一条和眼睛轮廓形状一样的线条，即卧蚕线。

❸ 用眼影棒蘸取浅色的银色眼影，涂抹在下眼睑的卧蚕线内，制造卧蚕的感觉。

❹ 用咖啡色的眼线笔填补眼尾的空白三角区域，可以增大眼睛轮廓，注意要和上眼线自然衔接。

❺ 补充上下眼线，此时卧蚕眼妆制作完成。

眼影的基本画法

眼影的颜色要根据自己的肤色和服装的颜色来进行选择，不同的肤色和服装需要搭配不同的眼影。

❶ 选取一款淡色的眼影作为底色，涂抹在上眼皮的 1/2 处。注意，要从睫毛根部开始涂抹，这样颜色才能过渡得更加均匀。

❷ 再选择一款颜色较深的眼影，涂抹在上眼皮淡色眼影的 1/2 处。同样，也是从睫毛根部开始涂抹，重点部位在眼尾的 1/3 处。

❸ 将这款深色眼影涂抹在下眼皮眼苔的淡色眼影的 1/2 处，此时眼影基本就完成了。

描画眼睑，提升性感眼妆

使用咖啡色眼影绘制精致眼妆之后开始绘制眼线。

❶ 使用"眼线笔"描出上扬角度。眼线笔就像打底，可先描绘上扬角度，先画眼中到眼尾，线条过粗还可当阴影加深轮廓。

❷ 眼头线条要纤细，让眼中到眼头线条细致。

❸ 在下眼尾 1/3 部分，沿睫毛根部描绘，并连接至上眼线，从而加深眼尾轮廓。

❹ 填满睫毛缝隙。最后可撑开上下眼皮再次确认睫毛根部是否有没画到的空隙，并用笔尖填满。

不同的眼妆适合不同的场所

魅惑烟熏妆

烟熏妆的重点在眼部妆容，是区别于普通眼妆的画法，将眼线和眼影画成弥漫一片类似于烟熏后烟雾缭绕的感觉。能够突出一种女性的神秘妩媚之美，并带有一种酷酷的魅惑感。因此烟熏妆适合参加晚宴、夜店或化装舞会等场合。

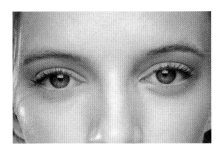

清柔桃花眼妆

桃花眼妆是比较清新柔和的眼妆，适合亚洲女性的肤色，感觉整体柔和，独具阳光感。适合各种场合，特别适合出游等带有娱乐休闲性质的活动或场合，温柔又带点小妩媚，清新又自然，还能提升桃花运，增加个人的魅力。

性感媚眼妆

媚眼妆是当季 T 台上最流行的眼妆之一。用眼线笔描绘精致的线条，一定要微微上挑才有味道。不仅能够突出女性的性感魅力，还可以让双眼变得更加妩媚动人。因此媚眼妆适合参加派对、夜店或日常活动等场合。

7.3 眉毛化妆

巧画眉毛，提升整体妆容

拥有一对好看的眉毛，会使整个人的气质都好很多，本节就来为大家讲解今年最流行的女性流星眉的绘制过程，即使是初学者也可以轻松学会。

❶ 利用眉笔来进行三点定位，与内眼角在一条线上的点定为眉头。鼻翼和眼球外边缘的连线的延长线与眉毛的交点作为流星眉下垂的起点，也可以说是眉峰。鼻翼与外眼尾的连接的延长线交于眉毛的点，作为流星眉的眉尾。

❷ 利用眉笔，将刚才的三点连接在一起，勾勒出眉毛的形状。

❸ 勾勒好眉毛的轮廓后，用刮眉刀将眉毛轮廓以外的杂乱眉毛去除。

❹ 在眉毛的前半部分，用眉刷斜向上梳理，眉毛的尾半部分斜向下梳理。

❺ 打理完后，用眉粉将眉毛空缺的地方从眉头扫至眉尾。

流星眉的眉型是从眉头处缓缓上升至眉峰，然后又由眉峰处轻柔划下，好似一抹流星划过的形状，所以得此名称。这种眉形既能显脸小，还能打造 V 脸的效果。它比一字眉看起来更加成熟更加有女人味和气场，比柳叶眉更加端庄稳重，比高挑欧式眉更加温柔大方。所以它适合想要看起来成熟、自信、大方，同时平易近人又不失女人味的人。

眉笔颜色展示

| 深咖 | 浅咖 | 中咖 | 灰色 | 黑色 |
| 01 | 02 | 03 | 04 | 05 |

眉粉颜色展示

| 深咖 | 浅咖 | 中咖 | 灰色 | 黑色 |
| 01 | 02 | 03 | 04 | 05 |

不同的眉型适合不同的脸型

标准眉也叫自然眉，眉头比眉尾低一点，眉峰在整个眉的 2/3 处，这种眉自然、大方，适合任何脸型。

高挑眉也叫欧式眉，整条眉毛有上扬挺拔的倾斜度，眉峰的弧度上挑拉长，柔和妩媚，有拉长脸型的作用，适合圆脸和方脸。

一字眉平直、微有眉峰。这种眉型在视觉上可使脸变短，窄额头变宽些，给人一种冷静、温柔的视觉感，适合长脸。

7.4 鼻梁化妆

画出高挺鼻梁

　　通过彩妆让宽鼻梁变细窄的原理其实很简单,一是要鼻梁显得高,二是要鼻根显得低,三是要鼻侧暗下去,强调立体感,从而在视觉上显得鼻梁高。

　　通常鼻梁的修饰要参照眼影的色彩来确定鼻侧的阴影颜色。如果眼影是自然的大地色系,则与之对应的就该是浅棕及土红等;而如果眼影是炫目的彩色,则灰棕、浅灰等灰色系的颜色比较合适,暗一些冷一些的颜色更能做到整体平衡。

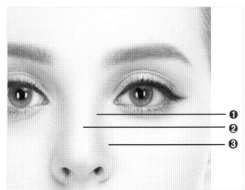

　　❶ 描绘鼻梁阴影。从鼻根到眉头涂抹深棕色眼影,由眉毛向鼻子两侧打一些阴影。

　　❷ 用珠光粉提亮鼻梁。在两眉之间的鼻梁上涂抹珍珠粉,并尽量向两侧晕开,阴影与亮色形成鲜明的对比,原来低陷的鼻梁在对比中显得更加立体。

　　❸ 修饰调整。避免阴影太重,画完后再将阴影线往鼻翼两边自然地晕染开来。

7.5 唇部化妆

让唇线清晰的唇妆

　　唇线的主要作用就是要让唇部轮廓更加清晰,线条更加流畅自然。如果唇线不清晰,就会破坏了口红的美感。本节就为大家讲解如何绘制清晰的唇妆。

<table>
<tr><td align="center">化妆前</td><td align="center">化妆后</td></tr>
</table>

❶ 在涂口红之前,先在图中所示部位涂上粉底或遮瑕膏。

❷ 在整个唇部涂上口红,涂到显出一定的色彩为好。

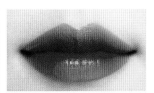

❸ 为了使唇线清晰,用唇刷沿着整个唇线刷一遍。

❹ 把膏状或液体高光涂抹在图中所示部位,使得唇线更明显突出。

❺ 用口红再次涂抹微调,此时唇线清晰的红唇就描绘完成了。

打造渐变咬唇妆

咬唇妆通常为红色系，是一种唇膏色调，有着"似有似无的唇妆效果"。这种妆容中间深红色的唇部就像是被牙齿咬过而出现的血色似的，周边用淡淡的粉红色突出深红色的色调，显示出楚楚可怜的性感。

化妆前

化妆后

❶ 用唇膏涂嘴唇内侧，注意上下唇角的唇膏要连接起来，把颜色抿均匀。

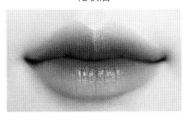

❷ 用口红涂抹双唇内侧。

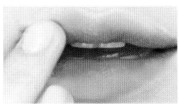

❸ 用指腹轻拍双唇，将口红自然晕开。

❹ 此时会呈现清爽饱满的咬唇妆。

不同场合及肤色的唇色选择指南

画口红之前的第一步就是要观察自己的唇色，这和之后选择口红或者唇膏的颜色有十分密切的关系。因为通常选择比你的唇色暗两个色阶的颜色会更自然，除非你今天想打造特定的造型，需要特定的唇色，就该另当别论了。

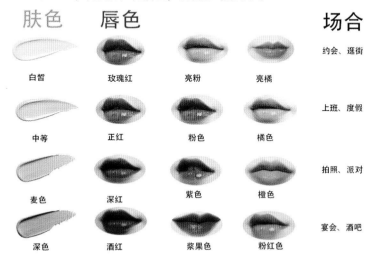

肤色	唇色			场合
白皙	玫瑰红	亮粉	亮橘	约会、逛街
中等	正红	粉色	橘色	上班、度假
麦色	深红	紫色	橙色	拍照、派对
深色	酒红	浆果色	粉红色	宴会、酒吧

7.6 轮廓化妆

开始轮廓化妆前的简单了解

在此之前我们已经了解了如何使眼睛、眉毛、鼻子、嘴唇变美的化妆基础，这些部分很重要，但是脸的整体轮廓也很重要，相同的眼睛、鼻子、嘴唇在不同的轮廓中也会有不同的效果，而脸型可以通过发型和妆容来弥补不足。

1. 了解自己的脸型

在进行轮廓化妆之前，要先了解自己的脸型，对着镜子观察自己，看一看自己的脸型属于哪种，可以通过以下几点来认识自己的脸型。

总体上的脸型：长脸、方脸、圆脸。

额头：饱满、扁平。

脸颊：饱满、凹陷。

发际线：正常圆弧形、偏高椭圆形。

下巴：尖下巴、圆下巴。

2. 观察

看一下右侧的模特脸型，这个脸型从整体来看是有棱角的长脸，额头不够饱满。发际线是正常的圆弧形，能看到完美的颧骨，拥有欧美人典型的眼形、细窄的鼻子及微微上扬的嘴角。整体脸型属于很标致的美人脸型，唯一的缺点就是扁平的额头。所以接下来通过轮廓化妆让额头饱满，使其整体更加完美。

化出饱满额头的妆容

操作步骤如下。

❶ 用化妆刷在头发里向额头方向扫上少量修容粉。

❷ 沿着发际线位置刷上稍微浅色的修容粉。

❸ 用小刷子把前两次上的修容粉晕染自然。

红润腮红修饰

对于化妆，腮红是一件必不可少的存在，腮红能够使脸部红润，增加美观与健康感。

❶ 在手背调整腮红粉的量，然后再轻轻敲弹几下粉刷，让粉末掉落一些再使用。

❷ 从鼻梁往脸颊横向涂抹到颧骨下方一直到耳旁，此时最重的颜色就会落到脸颊最凸出的地方。

❸ 从后面往脸颊中心返回，用刷毛的扁平侧面刷回来，重复来回刷几遍，才会让腮红颜色与形状自然有层次。

❹ 在画腮红的地方用指腹再轻微按摩，让粉末与肌肤更加服帖，这样做也是为了消除腮红晕染范围不明显。腮红晕染不均匀的现象。

打造尖下巴的妆容

尖尖的下巴是衡量美女的标准，很多女生都希望自己拥有一双美丽的下巴。接下来就为大家讲解如何通过化妆来打造一个迷人的下巴。

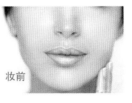
妆前

妆后

❶ 用高光色提亮眉骨、颧骨上方，增强面部立体感。在额头发际线下和下巴处打上阴影，注意衔接自然，这样在视觉上可使脸形缩短一些。

❷ 将眉毛修成挑高的眉峰，可拉宽脸部，从而达到缩短脸形的效果。

❸ 加深眼窝，将眼影向外眼角晕染，加宽眼线，使眼部妆面立体，眼睛大而有神，忽略脸部长度。

❹ 用高光色收敛鼻子长度。

❺ 由鬓角向内横扫在颧骨最高点，用横向面积破掉脸形的长度感。

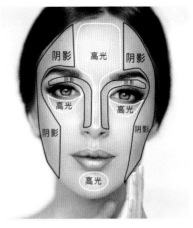

7.7 发型

7.7.1 长发

亚麻金长发 + 镂空花短裙

一袭迷人的斜分亚麻金色长发随意地披散在肩上会让人忍不住多看两眼，所以说长发同样有拉长脸型的效果。自然的发型选择灰色 T 恤和性感的短裙，休闲中带有一丝性感，凌乱中又不失优雅。

搭配建议：短裙是女生性感必备的装扮之一，而搭配自然随性的发型就可以打造随意的性感。

性感指数： ★ ★ ★
搭配指数： ★ ★ ★ ★ ★

檀棕色卷发 +V 领包臀连衣裙

中分的檀棕色卷发，自然地披散在身上，随性的烫卷效果有着法式般的慵懒情调，让女人的性感妩媚瞬间提升。八字形的刘海完美地修饰宽脸型，很适合脸型较宽的女生，分分钟轻松打造完美鹅蛋脸。搭配一款性感 V 领包臀连衣裙，尽显迷人形象与魅力。

搭配建议：包臀裙是女生性感必备的装扮之一，搭配波浪卷发将性感升级。

性感指数：★ ★ ★ ★ ★
搭配指数：★ ★ ★ ★ ★

内扣梨花头 + 抹胸裙装

齐刘海的黑色长发无疑给人一种性感诱惑的气息，利用发丝长度的三分之一打造内扣式梨花头，再加上精致的五官和脸型轮廓，整体大方又带有古典甜美感。非常适合长脸和鹅蛋脸型的女生。搭配一款抹胸裙装，露出性感的锁骨及纤细的手臂，完美展示好身材，既清凉又性感。

搭配建议：黑发色是百搭发色，可以和任何色彩复杂的衣物进行搭配，且不会与发型造成冲突。

性感指数：★ ★ ★ ★
搭配指数：★ ★ ★ ★ ★

7.7.2 女生短发
亚麻白金色短发 + 白色短裙

一头亚麻白金色的短发，在阳光的照耀下光彩熠熠，能够使你瞬间成为众人的焦点，微斜的刘海，塑造出整体蓬松的效果，头发修剪至耳朵处，在视觉上能够拉长脸型。在服饰上搭配简单的短款外套加 T 恤和白色短裙，完美展示身材，既清凉又性感。

搭配建议：一款抢眼的发型无须色彩复杂的衣物，过于艳丽的服饰只会与发型造成冲突，选择简单且色彩清雅的背心就很合适。

性感指数：★ ★ ★
搭配指数：★ ★ ★ ★

BOBO 短发 + 裹胸装

  向内微卷的 BOBO 短发，呈现出优美的圆形弧度，两侧头发掖在耳后，露出秀美的脸庞，十分惊艳。甜美的发型搭上一件斜纹裹胸裙，锁骨若隐若现，加上可爱的小脸展现出女生的小性感。

  搭配建议：夏季不妨选择一款能展示整个脸庞的 BOBO 短发，如果不喜欢穿着过于暴露的女生可以搭配一件白色打底 T 恤，也能打造属于自己的小性感。

  性感指数：★ ★ ★ ★
  搭配指数：★ ★ ★ ★ ★

齐肩空气卷 + 民族风套装

  空气卷发就是有一点点的卷度，让头发看起来有些空气感，但也不至于太膨胀，更加修饰脸型。适合鹅蛋脸、圆脸。搭配红色民族风图案花色背心，带着浓浓的异域风情。以白色 T 恤搭配黑色外束百褶裙，凸显了红色背心的民族感，同时也巧妙地避免了花色过多造成的杂乱感。

  搭配建议：空气卷往往给人乖巧甜美的感觉，可以选择微透的衬衣搭配高腰的碎花短裙，乖巧的女生同样性感十足。

  性感指数：★ ★
  搭配指数：★ ★ ★ ★

7.7.3 男生发型

简单帅气板寸头

板寸头是很有时尚质感与魅力的一款发型，而且简单帅气的板寸头可以给人一种干练的感觉，在这款板寸头的打造下，可以完美呈现出一种阳光大男孩的感觉，而且在男生们身上，能够凸显出帅气的五官。

搭配建议：非常百搭的男士寸头造型，可以让型男们在阳光与成熟之间随意切换。

帅气指数：★★★★
搭配指数：★★★★★

时尚潮流的铲发造型

铲发是今年男士发型的新潮流，两边剃光设计，剩中间头发作弧度定性，厚薄有致的层次让立体感与飘逸感做到完美结合。除了黑色的立体短发发型修饰脸型之外，两边剃光的设计，更加让男士的气质帅气无比。这款黑色无刘海短发发型能够充分展现出男士潮流、知性的气质。

搭配建议：搭配一身充满绅士气息的西装，成熟的帅气展露无遗。

帅气指数：★★★★
搭配指数：★★★★

韩式齐刘海短发

这款短发在耳朵上方的头发边缘层次剃剪出铲青的设计，扁平型的短发发型搭配上棕色的染发，展现出一种阳光、清新、时尚的外在形象。适合脸长的男士。

搭配建议：这款发型比较百搭，无论搭配休闲服饰还是搭配正式的服饰，都能带给人年轻有朝气的视觉感受。

帅气指数：★★★★★
搭配指数：★★★★★

7.8 化好妆容再出门

清纯约会妆容

　　穿搭从根本上来说还是要选择适合自己的，挑选到适合自己的衣服不仅可以给自己的颜值加分，而且可以展现自己的个性和特点。穿搭合不合适主要还是要根据长相、肤色和身材来决定。

1. 妆容

　　作为出门约会当天的妆容来说，不需要太正式，可以稍稍往可爱风、温柔风的方向走。

　❶ 底妆：底妆最好清透、水润一点，这样会比较减龄。粉底的色号选择比肤色白一号显得更自然。

　❷ 眉眼妆：眉毛根据自己的眉形和脸型来画，眼妆可以选择粉色系、橙色系和香槟色系的眼影，这三个色系很适合约会的氛围。

　❸ 修容：修容里的阴影和高光可以让你的鼻子变挺拔，脸型变小。腮红可以用粉色、橘色、豆沙色，既能显气色，又能显得元气满满。

　❹ 唇妆：豆沙色系、橘色系、粉红色系、玫瑰豆沙色系的口红都是很好的选择。

2. 穿搭

　　在穿搭时高腰裤、高腰连衣裙这样的高腰单品都是很好的选择，任何身材的女生都是适合穿高腰单品的。

　　高腰的单品会拉长你身体的比例，让你显得高挑，然后再搭配一双自己可以驾驭的高跟鞋或者是平底鞋，选择一个合适的包包也是至关重要的。

宴会正式妆容

宴会是展现个人风采的好时机，参加宴会时除了衣着要端庄得体之外，也要小心妆容别出错。

1. 妆容

作为出席宴会当天的妆容来说的话，最好画正式、隆重一些的妆容。

❶ 底妆：使用带点珠光效果的底霜，可以把皮肤提亮整整一个色号。涂抹粉底液要稍厚一点，而面颊、T区则可以稍薄透一点，这样能够让妆容在强烈的光线下也无比匀称。

❷ 眼妆：假睫毛不要选择前侧太长的，眼角稍微长一些的假睫毛，会让人从侧面看也有很漂亮的线条，正面看也不觉得很夸张。

❸ 修容：修容里的阴影和高光都能立即提亮整体的妆容立体度，让你在宴会上光芒四射。

❹ 唇妆：画红唇要和服装色调搭配。若穿的是暖色调的礼服，那么画一个樱桃红色的红唇，会有整体的协调感；若穿的是黑色和灰色等冷色调的衣服，选择偏酒红色的唇膏则更搭调。

2. 穿搭

在宴会场合中，最常见的就是有光泽感的面料，如丝绸、丝绒面料的礼服。

而且宴会装通常以长裙为主，面料追求飘逸、垂感好，颜色以黑色最为隆重。

一般有V领凤尾、坠地长款、一字肩长款、露背鱼尾、高开叉等类型。

搭配上一双自己可以驾驭且和礼服相符合的高跟鞋，以及一个能够提升整体效果的手包。

第 8 章

定制自己专属
的服装搭配

每个人的身材是不一样的，大部分人的身材多少都会存在一些需要解决的问题，比如肩宽、胸小、游泳肚等，这些可以通过服装搭配把好身材凸显、也可将身材问题进行掩饰。本章就为大家一一讲解如何找到属于自己的服装搭配。

1. 了解自己属于什么身材

不知道的就找来图片对着镜子比对一下吧，自己的优点要大胆地露出来，而自己的缺点可以适当地遮掩一下。比如臀部和大腿稍微丰满一些，上衣可以稍长一点，尺寸不要太大，合身就好。

腰细的话可以再加条漂亮的腰带点缀一下。

2. 逐步建立自己的着装风格

能够给人们留下深刻印象的穿衣高手，不论是设计师还是名人，其原因只有一个——他们创建了自己的风格。

我们不能妄谈拥有自己的一套美学，但应该有自己的审美品位。而要做到这一点，就不能被千变万化的潮流所左右，应该在自己所欣赏的审美基调中，加入时尚元素、个性元素，融合成个人品位。

融合了个人的气质、涵养、风格的穿着会体现出个性，而个性是最高境界的穿衣之道。

8.1 平胸女生一样可以穿得性感又时尚，选对衣服是关键

平胸的女生选择的上衣最好是宽松型的，如果选择了紧身型的，那么会把缺点暴露出来，穿宽松的上衣将其束进裤内，可以轻松营造一种胸前蓬松的视感，从视觉上给人很丰满的感觉。

一字领上衣——秀出你的性感锁骨

　　平胸的女生如果有性感的锁骨和精致的肩膀，可以选择一字领的上衣，突出性感。

　　下身搭配牛仔裤或短裙都可以，牛仔裤可以展示休闲的感觉，短裙可以展示时尚的感觉。

平胸穿搭——条纹上衣增加扩张感

　　条纹上衣无疑就是平胸女生的最佳选择，因为条纹单品有增加扩张感的作用，但要注意是横条纹，其他条纹效果不佳。

　　简单的条纹上衣随意地搭配一条裤子就可以，简约又不失时尚感。

利用胸前装饰品，扬长避短

　　平胸的女生如果想要营造丰满的既视感，只要学会适当利用领结、围巾、项链等饰品搭配，就能轻松营造出很丰满的胸围。

优雅名媛——轻松穿出气质感

　　采用个性花边设计可以很好地遮挡胸部，恰到好处地设计，简单而有力。

　　胸前的花边设计还具有超强的遮肉显瘦功能，当然也不会忽略高腰线带来的长腿福利。

8.2 没有大长腿，就不能露腿了吗

短腿救星——短裙

腿短的女生不适合穿低腰的下装。

其实只要选对了服装，还是可以穿出大长腿效果的，短裙就是个好选择。例如，皮革短裙自带帅气，欧美范十足。牛仔短裙其实也是短腿必备，最重要的是打造腰线让人显得高挑。

短腿救星——阔腿裤

如果你的腿型不是特别粗，只是有点短的话，高腰的阔腿裤、窄管裤、铅笔裤都是可以选择的裤子。

高腰的妙处在于提升腰线，拉长下半身比例，从而显露出修长双腿。

将上衣下摆放进裤子里，不仅时尚指数飙升，也是塑造肩膀以下都是腿的即视感的重要手段。

显高单品——高跟鞋和长靴

高跟鞋调整比例，高跟鞋是拯救身材比例的神器，如果你觉得高跟鞋不那么好穿可以选择粗跟鞋替代。

长靴在视觉上可以让你的膝盖位置上移，这样会让腿看起来更加修长。

显腿长套装

阿玛尼 Armani Privé

这套阿玛尼服装采用贝壳色为主色，服装设计运用了现代主义想法替代了剪裁考究的裤装，整体设计呈现给人精致的夸张形象。

上衣一分为二，椭圆形与肩膀的曲线完美匹配。斜裁的套袖有着针织面料的流畅，一体化的剪裁，袖子在肘部"温柔"地折叠结口。

阔腿裤与上衣一样是柔和的蓝彩色，展现了全身同色的流行趋势，高腰的窄腰带以下没有熨帖的褶涧，加上垂坠的设计，会在视觉上看起来腿会更修长。

阿玛尼（Armani）是世界知名奢侈品牌，1975 年由时尚设计大师乔治·阿玛尼（Giorgio Armani）创立于意大利米兰，他以使用新型面料及优良制作而闻名。

阿玛尼给追求时尚的人们带来了潮流新体验，有着"随意优雅"之称。

"女性可以紧跟时尚的步伐。我为那些从不夸张自己的重要性、认为自己是公主或悍妇的女性设计。"

——乔治·阿玛尼

8.3　想要显瘦？搭配比减肥见效更快

对于较胖的人而言，不建议穿太紧身的衣服。以宽松随意些为好，衣服领以低矮的 V 领为最佳，裤或裙不宜穿在衣服外边，更不建议用太夸张的腰带，这样容易显出粗大的腰围。在颜色上以冷色调为好，过于强烈的色调会显胖。忌穿横条纹、大格子或大花的衣服。

深色视觉更收缩，显瘦

深青色的西服套装，整体设计简洁大方。

两色拼接设计的手提包丰富了整体造型的细节，互不突兀。

深青色具有显瘦效果。适合上半身微胖的女生穿着。

竖条纹＋显出高瘦身材

竖条纹连衣裙通过纵向视觉的延伸，达到显瘦的效果。

需要注意的是，细条纹比粗条纹的显瘦效果更好。

有瘦才会美，不可或缺的显瘦穿搭

咖啡色斗篷大衣，无纽扣设计，时尚又大气，非常适合上半身胖的苹果身材的女生穿着。

加上鲜亮的蓝绿色长裤，鲜明的色彩对比，让你在冬天也能美丽夺目。

纯色＋印花，显瘦遮肉没问题

印花的打底裤让焦点集中在花纹上，能有效地优化腿部线条。

搭配短款黑色外套以及长靴，增加了整体显瘦效果。

秋季＋显瘦，搭出好身材

宽松的蓝色毛衣搭配白色的长裙，优雅又有女人味。

宽松的毛衣比起紧身的衣服更能遮住腰部赘肉。

裙子即使不露腿也能突显凹凸有致的好身材。

夏季＋显瘦显气质

每个女生的衣橱里都应有一件小黑裙，既可出席正式场合，又可通勤日常，同时还具有显瘦、显高、显气质的作用。

这种腰部两侧与中间异色的阴影裙，利用色彩上的对比，成功给腰围减少一圈。

8.4　减龄小贴士让你回到少女时代

怎样把服饰搭配得既时尚又减龄是很多女生面临的问题。可以选择亮色系的服装、较有活力的款式、百变的搭配，加上一些减龄装扮的搭配技巧，就可以达到减龄目的。

运动风卡通卫衣，减龄衬肤色

卫衣是减龄装中的大热单品之一，尤其受到年轻女生的喜爱。可以打造休闲时尚的装扮，展现女孩青春无敌的一面。

随意搭配裙子或裤子都可以打造活泼减龄的效果。

减龄衬衫裙＋率性条纹，修身显瘦

连衣裙采用显瘦 A 型版设计，呈现出修身效果。

腰部两侧添加绑带，展现出青春减龄气质。

可用绑带系出自己心仪的绑结，衬托出女性的柔美。

印花连衣裙套装，年龄也会逆生长

夏日里连衣裙是女生的首选，它不仅舒适清爽，更是可以出席任何场合。

随性自然的植物印花在米色和白色打底的服装上绽放，让浪漫印花也有了个性的减龄范儿。

印花背带短裤，减龄装嫩 Style

背带裤是一年四季都可以穿搭的率性俏皮的减龄单品。

上身白色露脐上衣搭配蓝色印花背带裤，够显瘦有型。是新潮与复古的完美结合。

套头毛衣 + 伞裙

套头毛衣上的火箭及枫叶设计洋溢着流行元素气息，醒目别致。直身设计巧妙地遮掩身材。

小 A 型高腰半身裙能拉高腰线，让腿部更加修长，整体搭配显高又减龄。

亮色拼接超显嫩

要说最减龄的装扮之一就属色彩穿搭了。从视觉上给人一种色彩冲击感，成为扮嫩最佳秘诀。

亮色拼接的连衣裙，加上本身裙装的裁剪设计，个性张扬绝对让你出彩。

8.5　穿什么衣服显白呢

　　白对于一个人的颜值影响是很大的，如果一些人天生皮肤就不是很白，这就需要在衣服颜色上选择一些显白的颜色。

　　白色能够提亮肤色，让黑皮肤看起来更加健康有光泽感，也让整个人看起来更加精神。

　　偏黑皮肤的人穿衣要拒绝沉闷、拖沓、不精神的感觉，所以白色绝对是黑皮肤的人穿衣最佳选择之一。

　　不管是黑白、蓝白、红白或者衍生的粉红＋白、浅蓝＋白、绿白条纹等，都是偏黑皮肤的热选单品。

　　条纹本身给人十分时尚的感觉，而融入了白色的条纹则更能提亮气色，让穿着者更加吸睛抢镜。

　　清新的蓝色本来就不挑肤色，尤其是牛仔蓝，不管黑人、白人、黄人都适合穿着。

　　蓝色本身就给人清凉舒适的感觉，搭配白色下装或直接一件蓝色连衣裙都不会显得沉闷，同时展现穿着者的青春洋溢。

　　黑色是百搭的颜色，任何肤色的人穿上黑色都会显得比较白皙，尤其是皮肤暗黄的女生。

　　可以选择一件精致、优雅的黑色外套，会看上去非常有复古气质。

　　黑色也是职业女性的首选颜色。

红色其实是最显白、最显气色的色系。

如果是大面积出现在身上，建议尽量选饱和度适中的，才能分分钟穿出高级感。

8.6 根据脸型进行服装搭配

每个人都有不同的身材特点和脸型，而且每个脸型搭配的衣服种类各有不同，所以选对适合自己的服饰很重要。

长脸

长脸不宜穿与脸型相同的领口衣服，最忌讳的就是会将脸部线条拉长的服饰，比如深V领、长款开衫外套，以及垂坠设计的长围巾等饰品，这样会让你的脸型显得更长。

宜穿圆领口的衣服，也可穿高领口、马球衫或带有帽子的上衣；可戴宽大的耳环。

尖脸

尖脸是脸型中最标致的一种，这种脸型的下颌线条很迷人，使整个人看起来娇俏伶俐，非常讨喜，但也因此给人略显单薄的感觉。

所以在上衣的搭配上宜以圆领或高领为主。

圆脸

　　圆脸是脸庞较圆的人，刚好和长脸女生相反，可以选择 V 领或翻领衣裳，但应该避开圆领和连帽的衣服。

　　同时还应该尽量避免类似圆形款式的耳环、项链等饰品。

方脸

　　方脸由于脸庞骨架较硬朗特别不要选择过于宽松肥大且太中性的服饰，否则会大大削减柔美的女人味。

　　应该尽量选择比较贴身有曲线效果的服饰，在饰品方面不可选择体积较大的物体。

8.7　根据身型进行服装搭配

X 体型

　　这种体型俗称"沙漏型"，又叫匀称的体型。尤其对于女性来说，这是理想的、标准的体型，是给人以协调、和谐、美感的体型。

　　这样的人体型曲线优美，无论穿哪种款式、颜色的服饰都恰到好处。

　　即使穿上最时尚、最大胆的时装色彩也能显得不出格。

Y 体型

  "Y"型体型的身材具有肩部宽、胸部大、过于丰满的身体特征。

  在选择服饰时，上衣最好用暗灰色调或冷色调，在视觉上缩小上身的比例，也可以利用饰物色彩强调来表现腰、臀和腿，避免别人的注意力集中到上部。

  上衣不宜选择艳色、暖色或亮色，也不宜选择前胸部有绣花、贴袋之类的色彩装饰。

A 体型

  这种体型俗称"梨子形"。一般是窄肩，腰部较细，臀部过于丰满，大腿粗壮，在整体上是下半身显得沉重。

  在服饰色彩的选用时下身可选用线条柔和、色彩纯度偏深的长裙，上下身服饰色彩反差不宜过小，或者下裙用较暗、单一的色调。

  上衣应选择色彩明亮、鲜艳的有膨胀感的衣服，从而达到收缩臀部扩大胸部的视觉效果，这样就会显得体型优美丰满。

H 体型

  这种体型特征是上下一样粗，腰身线条起伏不明显。

  着装可以通过颈围、臀部和下摆线上的色彩细节来转移对腰线注意的视线。也可采用色彩对比较强的直向条纹的连衣裙，再加一根深色宽皮带，由对比强烈的直向线条造成的视觉差，与深色的宽皮带造成的凝聚感，能消除没有腰身的感觉，从而给人以洒脱轻盈之感。

  不宜在腰线处使用跳跃、强烈的色彩，以减少对腰部注意的视线。

8.8　根据不同腿型进行服装搭配

　　不同腿型的女生在穿衣搭配时怎样在整体美的基础上遮住腿部缺点？这时选对适合的服装就显得尤为重要了。

大腿粗救星——A 字裙

　　大腿粗的女生可以选择伞裙或者 A 字裙，刚好遮住膝盖以上的位置，也比较适合职场穿搭，在挡住最粗的地方的同时，又显得优雅而得体。

　　但大腿粗的女生不适合穿短款裙子或裤子，会把自身缺点暴露出来。

小腿粗救星——中长裙

　　小腿粗的女生不适合穿紧身长裤、短款裤子或裙子。

　　而中长裙会更合适，选择刚好挡住小腿肚的位置长度即可。

　　例如，条纹的皮裙搭配衬衫以及纯白色长款百褶裙，轻松打造时尚女性装扮。

X 型腿——宽松版裤子

　　X 型腿其实是膝盖外翻造成的，只要把 X 的缺点掩盖掉就好。

　　可以选择一条宽松牛仔裤，或者是垂感很好的纱质印花阔腿裤，都可以解决这个问题。

　　X 型腿不适合穿短裤，会把自身缺点放大。

O 型腿——宽松版服装

O 型腿可以穿宽松的长裤、裙裤、长下摆的裙子等，以不露出 O 型为准，可以遮盖腿部的曲线。

O 型腿的人一般也比较显得腿短，所以上装要稍短，可以衬托出腿相对长一些。

裤子也不要太长，应比一般标准略短，突出脚踝即可。

8.9　减肥、节食全没用，大胸女穿搭踩雷依然胖十斤

大胸女孩的穿衣烦恼

时尚圈永远都偏爱骨感的女人，挑选衣物时大胸女生们也有很多困扰。

选对服装轻松避开雷区

黑色雪纺纱材质的服装显瘦效果就不错，在手臂处做了局部透视的效果。

一则将视线重点从胸部转移开，二则足够宽的袖筒不会将手臂裹得紧紧的更能显瘦。

搭配浅色下装，就能模糊掉对胸围的注意力，整体看起来高挑又显瘦。

一件蕾丝勾花罩衫也是大胸女生不错的选择。

直筒的版型，里面穿上一件黑色或者肉色的裹胸，可以很好地修饰身材。

胸部过于丰满的女性宜选择深色、冷色等单一色调的宽松式上装，这样可使胸部显小些。

而且上装款式不宜繁复，以避免视觉停留。

例如，椰褐色以及藏蓝色垂感好的大衣就是一个不错的选择，不仅百搭而且显瘦。

8.10 有小肚腩不要怕，选对服装照样让你穿得美

巧遮肚腩的穿衣搭配

针对一些身材上的顽固缺陷，比如小肚腩的问题实在是让人头疼。而且并不是说只有胖胖的女生才有小肚腩，瘦瘦的女生也会有这方面的烦恼，毕竟它是块不运动就很难被消灭的"雷区"。

NO.1 印花裙装 + 分散注意力

要论裙装的包容性，经典的伞裙极具代表性，尤其是印花款，用造型来遮挡肚腩，非常完美。

本身就已经绚烂多姿，在搭配方面只需要一件简约的衬衫就很合适。

NO.2 层次 + 巧遮肚腩

遮肚腩的关键词少不了"层次",可以尝试连衣裙外穿毛衣,裤子外搭衬衫系腰。

这样穿法是当下的流行趋势,凸显你超高的混搭功又能悄悄挡住肚腩,简直就是一举两得。

NO.3 装饰显瘦 + 扬长避短

搭配服装时怕露肚腩可以加一件衬衫或毛衣系在腰间,时尚别致还能穿出个性感。

当然这个系衣服的位置要稍微靠下一点,其次也可以选择用一款可爱的腰包来达到此效果。

遮肚腩的必备单品

NO.1 高腰卷边牛仔短裤

高腰的版型能提高腰线拉长身体比例,显瘦又显高。

裤脚卷边带着随意慵懒的味道,整体给人一种特别休闲随性的气息,能修饰腿部线条。

NO.2　宽松卫衣

　　遮肚腩必备单品中自然不能缺少卫衣的存在，在选择卫衣的时候，记得不要错过宽松款式。

　　宽松的卫衣不仅可以让你很有街头风，而且看着有显瘦和减龄的效果。

8.11　怎么穿让你轻松告别拜拜肉

　　每当你打开衣橱，看到各式各样的裙子，心想着自己能穿哪条。但扭头看到自己手臂上的拜拜肉，可能就没心情了。其实完全没有这个必要，只要你选对这几件单品，就可以完美遮住拜拜肉了。

NO.1　灯笼袖

　　对于粗手臂的女生来说，能遮掩手臂上的肉就是关键，所以在挑选上衣的时候可要多留个心眼儿。

　　例如，这款宽松版型的"灯笼袖"设计，显瘦遮肉没问题。

NO.2　露肩装

对于粗手臂，"露肩装"微露的小诱惑，不仅能遮住手臂还能悄悄玩起小性感。

NO.4　荷叶袖

拜拜肉是许多爱美女孩夏天穿搭最头痛的烦恼，而荷叶边的服装也是必备的遮拜拜肉的好单品。

宽松的荷叶边似有似无地露出手部曲线，把不必要的拜拜肉遮住。

NO.3　透视袖

泡泡袖的透视雪纺装，搭配黑色和印花元素，显瘦又有女人味。

"以柔克刚"的手法可以将拜拜肉击退于无形之中。

NO.5　中袖

中袖可以说是遮肉单品中最好穿最实际的，而且款式比较休闲百搭。所以不会过于挑人，加上穿着感十分舒服，可以轻松遮住手臂的肉。

8.12　掌握水桶腰的穿衣秘诀，就能变身小"腰"精

水桶腰的问题困扰着很多女生，由于减肥过程太漫长，短期难以看出效果，而又要迅速又要显瘦的最直接办法就是通过穿衣搭配。其实只要掌握水桶腰的穿衣秘诀，就能分分钟穿出完美"S"身材。

NO.2　腰封 + 宽松上衣

一到冬天难免要裹得像个粽子，最妨碍凹造型，所以解决冬日臃肿问题，需要一条能够救你于水深火热的腰封。

一条腰封，足以消灭穿得像孕妇一样的臃肿感，让你自我感觉身轻如燕，显腰细又显腿长。

NO.1　高腰 + 蓬松下摆

所有腰粗的女生都知道，高腰拯救一切。利用蓬松的下摆视觉强调出腰部被"收紧"的效果，同时创造胸腰差，即刻显现出更修长苗条的身材。

切记不要选用高脖领还有同色系的腰带，很丑而且根本看不到腰。

NO.3　纸袋裤 + 宽松上衣

纸袋裤在高腰裤设计的基础上，在腰部设计出外扩散开的叠褶。

配上腰带或皮带，就像用绳子封口的牛皮纸袋一样，形成超高腰的视觉效果，分分钟轻松打造小蛮腰。

NO.4　宽腰带系风衣外套

同色系的宽腰带系风衣外套搭配吸烟裤或者阔腿裤攻气十足，比较适合走中性风的女生。

NO.5　直筒外套＋半身裙

身穿半身的长裙露出小腿，长长的直筒外套很好地遮住了腰身部分，整体搭配既漂亮又显气质。

NO.6　细节彰显心机，巧妙藏粗腰

无论是上衣、衬衫或者连衣裙，选择在腰部有特别设计的款式，看似简单的设计却能起到遮掩粗腰的效果。

NO.7　背带裤＋泡泡袖

白色的泡泡袖上衣穿在身上本身就能转移他人注意，同时宽松的袖子也有遮挡手臂的效果。

加上黑色背带裤，在视觉上缩短了腰部线条，整体搭配具有遮肉减龄的视觉效果。

NO.8　A字形的连衣裙

针对于腰粗的女生，一款A字形的连衣裙绝对是不可或缺的时尚单品。

例如这款V领印花设计的连衣裙，大裙摆泛起了优雅的褶皱，呈现出优美气质。

8.13　巧遮扁平臀，告别纸片穿出优美 S 型

　　扁臀身材也有穿衣妙招，只要穿衣搭配得当，扁臀也能变身娇"翘"小女人。

NO.1　收腰背心裙，养眼加分巧遮扁平臀

　　一件背心裙，就可以满足女生们百变造型的需要。同时，背心裙作为夏季清凉的装备，针对扁臀烦恼的女生特别见效。

　　既可单穿，也可以搭配开衫、打底裤，既能轻松遮住扁臀宽臀，又能创造出各种各样的新造型。

NO.2　哈伦裤，巧遮臀部烦恼

　　哈伦裤以其舒适方便的特性受到了许多女生的青睐。

　　它是随意百搭的好单品，以独特的上宽下窄造型能很好地修饰腿部，让腿部看起来更瘦，也很巧妙地遮挡了臀部。

NO.3　蛋糕裙，让臀部翘起来

蛋糕裙以层层自然蓬松的花边设计，自然翘起的 A 形裙摆，让你显得丰满娇"翘"。

很适合扁臀女生们，让你轻轻松松"翘"起来，女人味百分百。即使搭配简单的配饰，也很甜美浪漫。

NO.4　伞裙，扬长避短甜美搭

伞裙最能表现女士性感温柔的气质，挺括的伞形裙摆，可以让你轻松摆脱宽臀或扁臀的烦恼。

在这个夏季，可以用不同款式的伞裙来装点缤纷夏季，遮掩住尴尬的臀部让你性感又不失温婉，在任何时候都能将美丽进行到底。

8.14　太瘦撑不起来衣服？那是你选错了

骨感型美女虽然看起来轻盈利落，但有时穿起衣服来会有撑不起来的困扰。所以在装扮时要懂得如何穿衣得体并尽量展露自己的优点。

NO.1　宽松版型的服饰

瘦人不要穿得太紧或太露，面料以具有塑身感和稍微硬朗为佳。

例如，棉、麻等看起来有分量的布料，挺括的版型能弥补因为太瘦而撑不起来的缺点。应尽量避免那些无款无形的材质，如丝绸。

NO.2　服装颜色明亮柔和

在颜色选择上瘦人不适合选择冷色系的着装，以暖色系为宜。

因为暖色给人以前进、膨胀的感觉。冷色给人以后退、收缩的感觉。

穿着暖色系的衣服能在视觉上使瘦人显得胖些。

NO.3　横纹、方格或大花等图案

瘦人可以多尝试横条纹、方格或者大花的衣服。能弥补因为太瘦而撑不起来衣服的缺点。

而且膝盖、手肘等关节处是最容易暴露骨瘦如柴的地方，只要天气允许就一定要遮住。

带有图案的长裙，不仅仅能够隐藏皮包骨的筷子腿，还能够用活力祛除羸弱气息。

NO.4　层次搭配

搭配上则以多层次为原则，也就是现在流行的混搭风。巧用配饰也可以增加层次感。

比如脖子上围丝巾或围巾。围巾的质地尽量选择柔软舒适的面料。春夏可以选择真丝、棉麻、竹纤维等，秋冬羊绒款式的围巾是很多女孩的最爱，即保暖又高档。

褶皱套装
三宅一生 Issey Miyake

该套装是三宅一生 2014 秋冬时装系列中的一套。

这一季采用了流线感的褶皱和充满建筑感的造型，整个系列靠金属感的面料和褶皱的流线形成服装的廓形，工艺和创意都让人印象深刻。

用充满创意感的褶皱以及图案吸引人们的目光，可以很好地掩盖自身的缺点。

三宅一生（Issey Miyake）是由 Issey Miyake 在 1970 年在东京成立。三宅一生虽不是第一个为国际公认的日本时装品牌，但它却根植于日本的民族观念、习俗和价值观，是知名的世界女装品牌。

三宅一生设计师的设计直接延伸到面料设计领域。他根据不同的需要，设计了三种褶皱面料，分别是简便轻质型、易保养型和免烫型。

三宅褶皱不只是装饰性的艺术，也不只是局限于方便打理。他充分考虑了人体的造型和运动的特点。在机器压褶的时候，他就直接依照人体曲线或造型需要来调整裁片与褶痕。

"大部分人需要的并不是那些总需要小心伺候的衣服，而是随时可穿、能带着旅行的服饰。"

——三宅一生

8.15　肩膀宽厚穿衣不好看？是你没选对衣服

肩膀宽厚的女生借助印花雪纺是最有效的方法。飘逸的质料能够最大限度地柔化身体曲线，再结合一点视觉上的收缩手法，肩膀宽厚的女生也能变得风情万种。

NO.1　蝴蝶袖，做灵动美人

避免无袖上衣，蝴蝶袖是肩宽女生需要的款式，法式浪漫柔美的服装设计风格，两袖宽松自然垂降，举手投足间双袖随风飘逸，如蝴蝶般优雅振翅的模样。

宽松的蝴蝶袖既可以遮盖粗手臂，也可以让整个上肢看起来更匀称。

NO.2　V 领，转移你的注意力

宽松的 V 字领衬衣或者 T 恤可以把视觉重点从肩膀转移到胸前。

若有长发，也可以试着散下来，也是一个不错的遮肩宽方法。

NO.3　夸张配饰

佩戴一些夸张抢眼的配饰，在装饰自己的同时也可以很好地转移大众的注意力。

一个亮色且浮夸的项链就是今季热门单品。肩宽的女生值得考虑一下。

NO.4　男友风衬衫 + 热裤，展现你的性感火辣

　　率性的男友风格衬衫，宽松利落的廓形有效遮掩宽肩烦恼。

　　藏在这种类型的衬衫里瞬间消失宽肩视觉感，而且搭配热裤让你看起来更加性感火辣。

NO.5　轻薄外披

　　一件轻薄的印花外披既可以有效减少对于肩膀的关注，遮住手臂和副乳，还可以让你在保持唯美外观的状态下防止在空调房里着凉。

　　建议：宽肩的女性不适合泡泡袖的印花装，膨胀的袖子会令倒三角的体型更加突出。应尽量选择 A 字形裙摆或强调下半身的印花设计，将人们的视线转移到下半身。

巧遮宽肩的浅色连衣裙

宝缇嘉 Bottega Veneta

这件及膝连衣裙通过精致的剪裁手法打造出具有个性轮廓的简洁款式，既有布袋装的内敛简单，又有 T 恤连衣裙的自由舒适。

裙子松散的深 V 领是改良版的保罗领，颈部和肩部的线条让人感觉安静、整洁。扩张的肩缝增强了肩线。

连衣裙袖子的深下摆刚及肘部，起到遮挡手臂的作用，设计感十足。

有着「意大利爱马仕」之称的宝缇嘉（BOTTEGA VENETA），创始人是 Michele Taddei 和 Renzo Zengiaro，他们于 1966 年在意大利设立总部，取名为「BOTTEGA VENETA」，意即「VENETA 工坊」。独家的皮革梭织法，让 BOTTEGA VENETA 在 70 年代声名鹊起，成为知名的顶级奢侈品牌。

时尚界有这样一个说法广为流传："当你不知道用什么来表达自己的时尚态度时，可以选择 LV，但当你不再需要用什么来表达自己的时尚态度时，可以选择 BV。"Bottega Veneta 向来以其"低调的高贵"备受赞誉。它的时装美学是含蓄细致，因为懂得欣赏 Bottega Veneta 的人，都具备自信、优雅和忠于自己风格的个人特质。

"【宝缇嘉】适合每一个人，它是全球性的，它尽可能地根据人体工程学设计，它让人们的生活更美好。"

——苏西·门克斯
时尚编辑

8.16　服装版型也会影响穿衣效果

A 型服装

　　A 型服装是以紧身型为基础，用各种方法放宽下摆，形成上小下大的外轮廓型，上衣和下衣不收腰、宽下摆或收腰宽下摆为基本特征。

　　上衣一般肩部较宽或裸露双肩，衣摆宽松肥大，裙子和裤子均以紧腰阔摆口为特征。

　　通常给人以华丽、尊贵的视觉感受。

H 型服装

　　H 型服装是用直线构成矩形轮廓，线条利落，遮盖了胸、腰、臀等部位的曲线，很容易显得人高挑。

　　它能使服装与人体之间，在运动中隐见体型，呈现轻松飘逸的动态美，舒适、随意。

　　H 型服装可掩盖许多体型上的缺点，并体现多种风格。

O 型服装

　　O 型是上下收紧的服装廓型。接近椭圆形。胸部和腰部的形状比较宽，肩部和下摆是收紧的，O 型的服装外轮廓线相对柔和，给人一种可爱的感觉，并不会显高。

　　O 型服装搭配的要点是手臂和腿部要尽量显得修长，不然就会像卡通形象。

　　一些居家的休闲装以及运动装可尝试 O 形的。

T 型服装

　　T 型肩部会比较夸张，有非常明显的垫肩。上衣和连衣裙以短肥或蓬松的短袖以及瘦紧的衣身为基本特征。

　　T 型外套想要穿出显高的效果还是要看腰线的位置，一般情况下长款或者短款会比较显高。

　　通常比较中性化的女装里会用到这样的形状。

X 型服装

　　X 型是通过肩部和衣裙下摆做横向的夸张，腰部收紧。肩部和下摆的宽度比较大，腰线比较高，可以轻松描绘出细腰线。还会显得人凹凸有致，身材好。

　　X 型与女性身材的优美曲线相吻合，可充分展示和强调女性魅力，显得富丽而活泼。

　　是一些晚礼服以及套装中比较常见的形状。

8.17　换一种穿衣风格，发现更美的自己

　　当你烦恼不断的时候，就走出去看看不同的风景，接触不同的人和事，换一套不同风格的服饰，你就知道，你的烦恼有时只是你自己想多了。而且不要轻易给自己定下丑的结论，尊重上天给你的容颜，接纳它并尝试着找到适合自己的服装、饰品、鞋子等。你会发现属于你自己的独特之美。

NO.1　少女型

善良、可爱，带有某种纯真的特点，强调精巧、细腻的感觉。

在服装上通常以曲线裁剪的小圆领短款类裙装、背带裤和碎花裙等着装。

常带有蝴蝶结、蕾丝花边等可爱装饰物。

NO.2　优雅型

带有较浓郁的女人味，温柔、娴静、淑雅、清丽等气质。

优雅型服装通常是将柔软而细腻的材质制作成不同款式的连衣裙。

例如，柔软的鱼尾裙。偏曲线感的着装，尽显柔美气息。

NO.3　前卫型

摩登、酷、标新立异，整体强调时尚独特，极具个性魅力，永远的都市新宠。

服装款式以新颖别致、个性化强为主。

如短上衣、迷你裙、造型怪异的项链、醒目的墨镜等。

NO.4　古典型

端庄、稳重、高贵、精致，可以有着浓郁的古代美女范。

精益求精的品质，造就了古典型风格服装给人的矫矫不群的气度。

通常在职业套装上体现得淋漓尽致。

NO.5　浪漫型

高雅、华贵、性感，彰显了浪漫型人销魂蚀骨的魅力。

例如，蓬松而线条流畅的晚礼服。装饰性强的高跟鞋、软皮包等。

NO.6　自然型

大方、亲切、淳朴、随和，可以把休闲装穿得很潇洒。

自然型服装常以休闲装为主。

例如，朴素大方的 T 恤衫、休闲短裤、棒球衫、牛仔裤等。

8.18　大骨架身材的女生学会这几点穿衣技巧

很多骨架大的女孩子都觉得自己选不到好看的衣服，有时候刻意掩饰的举动反而把自己弄得更加粗壮。但其实，骨架大的女孩子们可都是衣架子。

NO.1　大 V 领

大 V 领对于骨架大的女生能令颈部线条延伸，不仅修饰脸型，还能让肩看起来单薄。

穿连衣裙或 T 恤选择大 V 领，可以露出锁骨，在视觉上造成肩部变窄、脖颈修长的效果。

NO.2 斜肩上衣

建议肩宽、大骨架的女生多尝试斜肩款的衣服。一字领、斜肩，这样的服饰可以起到平衡效果，也能完美的展现肩部线条。

露出肩膀能让身材看上去小了好几码，还能满足想露身材的欲望。

NO.3 西装

其实骨架大的女生本来就很有气场，所以特别适合走霸气路线。

适合穿西装，穿出来会比骨架小的女生有自信，又有干练的感觉。还能穿出不一样的妩媚与气场。

搭配一双高跟鞋，整体造型干净利落又性感。

NO.4 细节改变整体

在袖口、下摆、前襟有一些简单、别致的装饰，不仅增加了女人味，还能转移人的视线，使上半身看起来更加协调。

避免层次过多的搭配。如素色无领无袖的X型连衣裙或荷叶袖公主长裙都能弱化上半身的臃肿之嫌，把硬线条变柔美。

如果你喜欢如荷叶边、蕾丝、抽褶等细节，则此类装饰应细碎，应突出精细和纤巧，而不应大面积出现。